太空态势感知案例分析

主　编　曾德贤

副主编　黄静琪　刘羽翔　周尚辉

国防工业出版社

·北京·

内容简介

太空态势感知是对太空环境、太空物体及其态势信息的获取、认知与应用，是太空安全体系的重要组成部分。本书通过对太空态势感知领域典型案例的介绍与分析，帮助读者了解太空安全面临的严峻形势与威胁挑战，熟悉太空态势感知的任务和手段，理解太空态势处理与分析方法，探讨太空态势感知的运用方式，旨在提高读者分析、解决太空安全及其相关问题的能力。本书图文并茂、脉络清晰、重点突出，适合对航天感兴趣的读者阅读。

图书在版编目（CIP）数据

太空态势感知案例分析/曾德贤主编.—北京：
国防工业出版社，2025.6.
ISBN 978-7-118-13659-3
Ⅰ.V11-49
中国国家版本馆 CIP 数据核字第 202538S75X 号

※

国防工业出版社出版发行
（北京市海淀区紫竹院南路23号　邮政编码100048）
雅迪云印（天津）科技有限公司印刷
新华书店经售

开本 710×1000　1/16　印张 16¼　字数 172 千字
2025 年 6 月第 1 版第 1 次印刷　印数 1—1600 册　定价 88.00 元

（本书如有印装错误，我社负责调换）

国防书店：（010）88540777　　书店传真：（010）88540776
发行业务：（010）88540717　　发行传真：（010）88540762

前言

太空看似平静，实则暗潮涌动，博弈与对抗不断在太空上演。

1957年10月4日，苏联首先将人类第一颗地球卫星"斯普特尼克一号"成功送入太空，开启了人类的太空时代，也触发了国家间的太空竞争与对抗。不甘示弱的美国于1958年1月31日发射了本国第一颗卫星"探索者一号"，并于同年10月成立了美国航空航天局，全面加强太空力量建设。20世纪80年代，为取得太空绝对优势，美国提出了"星球大战"计划，启动了反弹道导弹防御系统的研发建设。进入21世纪，随着俄罗斯航天力量的复苏和中国航天力量的崛起，加之越来越多的国家和行为体参与到航天领域，航天科技突飞猛进，航天力量发展日新月异，航天竞争日趋激烈。

当前，世界正处于百年未有之大变局，以太空领域竞争谋求太空战略优势、塑造大国博弈胜势成为世界各国的战略选项。巨型星座、可重复使用火箭、在轨延寿等为代表的航天新技术不断涌现，推动着人类对太空探索与利用的不断扩展。在国际太空规则依然模糊的情况下，先占先得的太空思想诱发人类社会争先恐后地开展航天活动，导致太空越发拥挤，带来日趋激烈的太空领域竞争，并最终演化成为太空对抗。和平利用太空是世界人民的普遍愿景，保持太空安全已成为国际社会面临的重大而紧迫的现实课题，这直接关系到全球战略稳定和人类社会可持续发展。太空安全涉及太空领域的方方面面，它的背后是一个个互相关联的、彼此影响的太空事件，这些太空事件不仅仅是单纯的太空活动，更与国际形势、地缘政治、战略博弈等因素息息相关。

太空态势感知（space situational awareness，SSA）是对太空环境、太空物体及其态势信息的获取、认知与应用，是人类了解太空、探索太空、开展太空活动的基础。简单地说，太空态势感知就是要通过各种可能的手段，知道在太空中有什么、发生了什么，并且将会出现什么样的变化。太空态势感知能力越强，太空就越透明，就更有助于快速、全面掌握太空真实情况和未来发展趋势。面对日趋激烈的太空竞争形势，各国都把发展太空态势感知系统、提高太空态势感知能力作为增强本国太空实力的重要途径，进而推动国防实力和综合国力不断向更高层次发展。

本书选取了2007年至2023年期间，世界范围内发生的具有代表性的卫星相撞、动能反卫星、空间规避、天基操控、联合演习、在轨高新技术试验等影响深远的太空重要事件与行动，从太空态势感知视角还原案例发生的背景、过程和背后的故事，剖析案例的影响和蕴含的深层次问题，启发我们更好地认识太空、理解太空和利用太空。

作者

2024年10月

目　录

第一篇　目标编目

案例一　法国欲曝光美国秘密卫星轨道
　　——以彼之道，还施彼身 ·················· 003
　一、案例概述 ························· 003
　二、案例详情 ························· 004
　三、案例分析 ························· 007
　四、案例启示 ························· 011
　附录一　欧洲太空目标探测雷达技术发展 ·············· 013
　附录二　没有永远的敌人——美国太空态势感知数据
　　　　　共享合作协议 ······················ 015
　参考文献 ··························· 017

案例二　美俄卫星相撞
　　——人类历史上首次在轨两颗卫星相撞 ············ 018
　一、案例概述 ························· 018
　二、案例详情 ························· 019
　三、案例分析 ························· 024
　四、案例启示 ························· 026
　附录一　相撞卫星介绍 ····················· 029
　附录二　类似事件 ······················· 033
　附录三　深远影响 ······················· 036

v

附录四　太空治理刻不容缓 ································ 038
　　参考文献 ·· 039
案例三　欧洲"风神"卫星与星链卫星规避
　　　　——"先到先得"还是为霸权让道？ ············ 040
　　一、案例概述 ·· 040
　　二、案例详情 ·· 041
　　三、案例分析 ·· 044
　　四、案例启示 ·· 046
　　附录　SpaceX公司未来新增3万颗星链卫星发射计划 ····· 048
　　参考文献 ·· 050

第二篇　地基反卫星试验

案例四　美国海基反卫星试验
　　　　——美国真是"人类守护者"？ ···················· 053
　　一、案例概述 ·· 053
　　二、案例详情 ·· 054
　　三、案例分析 ·· 057
　　四、案例启示 ·· 065
　　附录一　美国海军"标准-3"型（SM-3）导弹介绍 ····· 068
　　附录二　"USA-193"卫星简介 ························· 070
　　附录三　美国直升式反卫星试验发展概述 ············ 073
　　参考文献 ·· 076
案例五　印度"沙克蒂"反卫星试验
　　　　——印度进入太空精英俱乐部 ···················· 077
　　一、案例概述 ·· 077
　　二、案例详情 ·· 077

三、案例分析 ……………………………………………… 080

　　四、案例启示 ……………………………………………… 084

　　附录一　萨迪什·达万航天中心介绍 …………………… 087

　　附录二　印度靶星介绍 …………………………………… 089

　　附录三　试验产生的碎片情况 …………………………… 090

　　参考文献 …………………………………………………… 093

案例六　俄罗斯频繁开展反卫星测试

　　　　——太空斗争愈演愈烈 ………………………………… 095

　　一、案例概述 ……………………………………………… 095

　　二、案例详情 ……………………………………………… 096

　　三、案例分析 ……………………………………………… 097

　　四、案例启示 ……………………………………………… 100

　　附录　美苏（俄）长久的反卫星计划斗争 ……………… 103

　　参考文献 …………………………………………………… 114

案例七　俄罗斯摧毁在轨卫星

　　　　——电影《地心引力》在现实上演 …………………… 115

　　一、案例概述 ……………………………………………… 115

　　二、案例详情 ……………………………………………… 115

　　三、案例分析 ……………………………………………… 118

　　四、案例启示 ……………………………………………… 120

　　附录　苏联/俄罗斯直接上升式反卫星武器 …………… 122

　　参考文献 …………………………………………………… 124

第三篇　天基反卫星试验

案例八　俄罗斯神秘卫星频繁变轨交会

　　　　——太空暗战悄然酝酿 ………………………………… 127

　　一、案例概述 ……………………………………………… 127

二、案例详情 ·· 128

三、案例分析 ·· 130

四、案例启示 ·· 132

附录一 "宇宙-2499"卫星,是间谍还是杀手?
还是两者兼而有之? ·· 134

附录二 "宇宙-2504"卫星,俄罗斯的另一颗
"杀手卫星"? ·· 142

参考文献 ·· 145

案例九 对故障卫星抵近详查 ——美 GSSAP 卫星崭露头角 ························ 146

一、案例概述 ·· 146

二、案例详情 ·· 146

三、案例分析 ·· 148

四、案例启示 ·· 151

附录 美国其他共轨反卫星技术发展概述 ·························· 153

参考文献 ·· 157

案例十 俄美卫星低轨抵近与反抵近 ——太空上演猫鼠游戏 ···························· 158

一、案例概述 ·· 158

二、案例详情 ·· 159

三、案例分析 ·· 161

四、案例启示 ·· 164

附录一 "OODA 环"理论在决策中的应用 ······················ 167

附录二 卫星常用相对坐标系定义 ···································· 172

附录三 "套娃"卫星——"宇宙-2542"卫星 ··················· 173

参考文献 ·· 175

案例十一　美国在轨延寿飞行器（MEV）
　　——太空颠覆技术崭露头角 176
　一、案例概述 176
　二、案例详情 177
　三、案例分析 183
　四、案例启示 186
　附录　商业和民用机器人太空交会和近距离操作项目现状 188
　参考文献 190

第四篇　导弹预警

案例十二　美国地基中段反导试验
　　——双弹齐射，锤炼国土安全"金钟罩" 193
　一、案例概述 193
　二、案例详情 193
　三、案例分析 196
　四、案例启示 199
　附录一　美国导弹预警装备部署介绍 203
　附录二　美国导弹防御能力和计划 205
　参考文献 209

第五篇　太空环境监测

案例十三　太空环境对航天活动的影响
　　——无时无刻的"关怀" 213
　一、案例概述 213

二、太空环境的影响因素 213

三、太空环境影响典型案例 216

四、案例启示 219

参考文献 220

第六篇　演习实践与探索

案例十四　"全球哨兵"演习
　　　　——态势感知迈向全球化 223

　一、案例概述 223

　二、案例详情 224

　三、案例分析 227

　四、案例启示 229

　参考文献 233

案例十五　美国双小行星重定向测试试验
　　　　——拥有抵御"天灾"的力量 234

　一、案例概述 234

　二、案例详情 235

　三、案例分析 238

　四、案例启示 243

　附录　小行星空间探测现状 247

　参考文献 248

后记 249

第一篇　目标编目

　　太空中散布着数以万计的人造物体，据统计，超过10厘米的可被人类观测并测定轨道的物体有2万多个，直径大于1厘米而无法被观测到的物体数量超过10万个，大于1毫米的物体数量超过4000万个，且以每年2%~5%的速度递增。这些太空物体的破坏力惊人，低轨上一个直径约10厘米的太空碎片，它所携带的能量相当于35吨卡车以每小时190千米的速度撞击墙面产生的能量。为了太空的安全与和平利用，人类必须搞清楚这些物体到底有多少，都在哪里，有什么属性。对这些太空物体进行监视和管理的活动，就是太空目标编目。

案例一 法国欲曝光美国秘密卫星轨道
——以彼之道,还施彼身

在某种程度上说,国家之间没有永远的朋友,也没有永远的敌人,只有永恒的利益。谈判有时靠技巧,更多还得靠实力。

一、案例概述

2007年6月,法国宣布在低地球轨道发现属于美国军方,但未出现在美国国防部卫星公开目录内的秘密卫星,法国表示已查明卫星所在位置、大小、轨道和传输频率,并计划将这些卫星的轨道根数公之于众。法国的这一计划迅即遭到了美国的强烈反对和抗议。

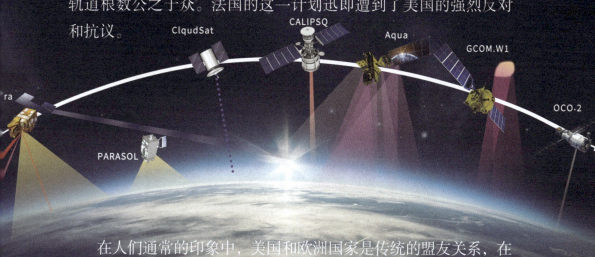

在人们通常的印象中,美国和欧洲国家是传统的盟友关系,在国际舞台上可用"亲密无间"来形容。在军事上以法国和德国为代表的欧盟更是对美国亦步亦趋,在北约框架下美欧军事合作覆盖了技术、情报、人员交流等方方面面。通过这次事件,我们需要思考的是,法国此次为何会冒着得罪美国的风险,不顾"道义"

背后"捅盟友一刀"？这给未来太空安全产生什么样的启示？

研究本案例，对法国突然公布美国秘密卫星事件进行深入剖析，还原事件前因后果，研究深层次原因。以此次事件为契机，一窥法国太空态势感知能力，探寻以法国为代表的欧盟军事独立派的雄心壮志，揭示太空军事化过程中的合作与对抗、交流与竞争的博弈趋势。通过案例学习帮助读者分析、解决太空态势感知相关问题，培养读者太空态势感知的国际视野和全球眼光。

二、案例详情

2007年6月，法国国防部发布的一条消息，牵动了美国国防部和美国媒体的神经：法国"格拉夫"陆基空间监视雷达发现了20~30颗可能隶属于美国军方的低轨秘密卫星，并威胁美国政府将公布这些秘密卫星的相关参数。太空中目标分布示意图如下图所示。

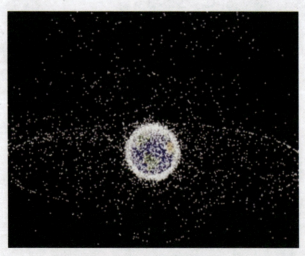

太空目标分布示意图

法国时任国防部发言人布赖恩上校宣布,"格拉夫"空间监视雷达数据库中已经储存了2000多颗卫星的资料,虽然远远低于俄罗斯和美国类似系统能够掌握8000多颗卫星情报的能力,但在雷达投入使用后不久,法国军方就立即发现了近地轨道上几十颗身份不明的卫星,之后用了16个月的时间确定上述卫星的性能和轨道参数。他说:"利用现有(雷达)能力,我们准确掌握了美国没有公开的这些卫星的轨道、大小和星载发射机频率,并和我们的美国同行讨论了监测结果,特别是实际监测的数据与官方公布的信息之间不相符合的地方。但他们不止一次地对我们说,如果某些卫星没有列到公开目录上,那么它们就不会出现在轨道上。我们的问题是,为什么不存在的卫星还需要太阳能电池板呢?"

与此同时,美国却在肆意公开他国的军事卫星秘密。早在2006年3月,美国网站就公布了日本于一个月前刚刚发射的光学侦察卫星的轨道和载荷功能等机密数据,令日本针对东北亚开发的卫星侦察网几乎前功尽弃,引来日方的强烈抗议。而同样的事情也多次发生于美国和法国之间,法国的"太阳神"系列光学侦察卫星和"锡拉库斯"系列通信卫星的参数也被美国网站公之于众,法国多次要求美方撤除相关数据都被对方以科学公开的理由挡了回去。所以,当法国通过"格拉夫"监视雷达惊讶地发现,美国国防部在公开发布其他任何国家的任何一颗军事卫星资料时,却在千方百计地掩饰自己的军用卫星,其中的愤怒可想而知。

在法国人看来,美国在太空的双标做法——竭尽全力隐藏自己秘密卫星的同时,肆意公开他国军事卫星资料——做得已经有点过分了。

为此,法国想以彼之道,还施彼身。援引法国官员的话说:

"现在开始谈判我们感觉手里的牌还不足，我们尚需要一些时日确认我们正在观察的东西。到那时，我们会告诉我们的美国朋友，'我们已经看见你们不想让公众看到的东西了，如果你们同意停止公布关于我们的敏感卫星的位置信息，我们也同意不公布你们的'。"

同年9月，美国媒体报道，法国空间监视雷达系统已经掌握了美国24颗间谍卫星的行踪，并直指法国此举的目的——法国政府正利用其掌握的美国间谍卫星的秘密向美国政府施加压力，要求与美国政府进行交易，让美国停止公开法国军事卫星的资料信息，保守其军事秘密，否则法国也将公开美方间谍卫星的轨道数据和相关机密资料。

而后，法国威胁发布美国秘密卫星机密参数的风波逐渐平息，极有可能美国政府与法国政府就相互保守太空军事秘密问题达成了某些协议。此次事件具体经过如下图所示。

01 美国网站将法国"太阳神"系列光学侦察卫星和"锡拉库斯"系列通信卫星的参数公之于众，法国多次要求美方撤除相关数据都被对方以科学公开的理由拒绝。

02 法国"格拉夫"空间监视雷达系统2006年初正式投入运行后不久即发现了近地轨道上几十颗身份不明的卫星，并用16个月的时间确定了上述卫星的性能和轨道参数。

03 2007年6月，法国国防部发布消息，"格拉夫"空间监视雷达发现了20~30颗可能隶属于美国军方的低轨秘密卫星，并威胁美国政府将公布这些秘密卫星的相关参数。

04 2007年9月，美国媒体报道，法国空间监视雷达系统已经掌握了美国24颗间谍卫星的行踪，并直指法国此举意在向美国政府施加压力，要求与美国政府进行交易，停止公开法国军事卫星的资料信息。

事件具体经过

三、案例分析

（一）法国的太空雄心

1965年11月26日，法国使用本国自主研制的钻石号A型运载火箭发射了法国第一颗人造卫星——"阿斯泰利克斯一号"。成为继苏联、美国后第三个走向太空的国家，比中国首颗人造卫星"东方红一号"上天早了近五年。独立发射人造卫星国家先后顺序如下图所示。冷战时期，在美国和苏联开展激烈太空军备竞赛的背景下，法国戴高乐总统也力图在太空领域展示实力，凸显大国地位。显然，"阿斯泰利克斯一号"卫星的成功发射，既提升了法国战略威慑，又增强了其科技与外交自信。

前五个独立发射人造卫星的国家

前文中提到的法国"格拉夫"空间监视雷达系统，是法国冷战后编列的一项重点科研计划。该项目由法国国防部投资研制，法国国家航空航天研究院承担设计和制造。从20世纪90年代初开始立项，在设计和制造要求提出15年后，雷达最终于2005年11月交付使用，2006年初正式投入运行，由法国空军负责日常运行管理，使法国成为继美国、俄罗斯之后第三个拥有类似系统的国家。法国国防部的资料显示,"格拉夫"空间监视雷达系统主要用途是追踪太空碎片、保护在轨航天器安全。该系统建设过程如下图所示。

20世纪90年代初	1990—2005年	2005年11月	2006年初
开始立项	设计和制造	交付使用	正式运行

法国"格拉夫"空间监视雷达系统建设过程

在该雷达系统投入使用后不久,法国军方就立即发现了近地轨道上几十颗身份不明的卫星,随后用了数月的时间确定了上述卫星的性能和轨道参数。所以,外界普遍认为,实际上法国国防部已经开发了一整套空间监控系统,"格拉夫"雷达只是该系统的一部分,这套空间监控系统具有很强的军事背景,是法国攫取未来太空军事利益的一个重要手段。

法国在欧盟内部一直属于坚定的军事自主派,坚持欧洲独立自主的防御战略,坚信美国绝不会无条件保护欧洲,在未来太空防卫中同样如此。法国国防部曾表示,在日益加剧的太空军事化竞争中,太空已经成为大国之间的是非之地,太空冲突似乎越来越无法避免,法国打算发展太空自卫能力,加强自身太空监视力量建设,确保能够及时发现未知太空目标特别是军事用途目标,侦测和确定太空目标可疑的行为,以及潜在的对法国太空资产不友好甚至是敌对的行为,以保护自己的太空资产安全,同时,法国也希望更多的欧盟国家能够加入进来。

经过几十年的发展,法国的太空实力已经有了长足进展,特别是法国支持的欧洲太空局(简称欧空局),其太空实力已经跻身世界前列。然而,法国作为一个独立个体,其太空实力放眼全球还是略显一般。至2022年12月,法国在轨卫星只有85颗,其中还包括与其他国家共有的 10 颗，与美国的近 3000 颗、英国的 368 颗和俄罗斯的 169 颗都相差甚远，甚至落后于日本和印度，世界各国卫星数量如下图所示。

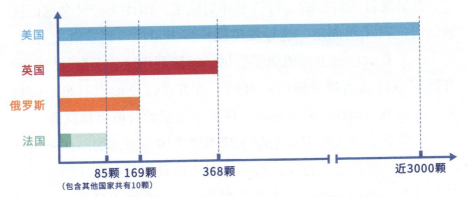

世界各国卫星数量（至 2022 年 12 月）

即便如此，法国并没有减慢其推进太空实力发展、谋求太空强国地位的脚步。国家战略层面，2019 年 7 月 13 日，法国国庆日前一天，法国时任总统马克龙发表讲话称，法国军队将组建太空指挥部，以应对太空领域的未来挑战；7 月下旬，法国公布其《太空防务战略》；同年 9 月，法国组建太空司令部，成为了继美国、俄罗斯之后成立太空军的国家。太空军备层面，2018 年和 2020 年年底，法国分别发射"光学空间组件"（CSO）系列光学侦察卫星，以取代第二代太阳神系列卫星；在 2013 年就启动的"西瑞斯"电子侦察卫星项目即将投入使用，新一代军用通信卫星也在研制中；此外，法国还积极提升 2007 年立下汗马功劳的"格拉夫"监视系统，使其具备更强的太空态势感知能力。军事行动层面，2021 年 3 月，法国联合德国、意大利和美国开展了一次跨国军事太空演习——ASTERX 2021，通过模拟一场国际危机下的多个太空事件场景，从袭击法国卫星到干扰敌对通信卫星等，对法国太空司令部作战流程和系统进行了压力测试。总的来说，法国正不断努力在日益激烈的太空竞争中谋求一席之地。

（二）美国从不替别人保密

卫星发射入轨后的运行轨道相对固定，因此飞经某个地面区域的时间就相对固定，这导致单颗侦察卫星的可侦察时段有限。对手一旦获取侦察卫星的轨道数据，就能利用这些卫星过境间隙开展军事行动达到反侦察的目的，或者在过境侦察时布设假目标、开展假行动误导欺骗对方，使侦察卫星的价值大幅贬值。

目前全球最大的卫星跟踪系统当数美国国防部的空间监视网（SSN），已经持续运行长达数十年。美国利用分布全球的地面雷达、光学监视设备和天基卫星监视系统，对在轨卫星和太空碎片进行不断跟踪，所获得的数据一般都会在世界范围内进行公布。但是，美国空间监视网出于保密的原因，有意隐藏大量在轨飞行的美国间谍卫星信息，但对于他国的军用航天器在轨数据却照发不误，不仅包括俄罗斯、中国等"战略对手"，就连所谓的盟国，如欧盟国家、日本也不能幸免。

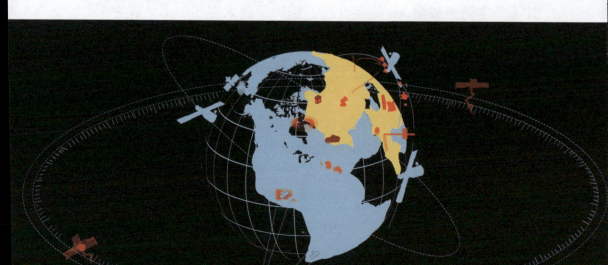

（三）美欧太空斗法刚刚开始

2007年，对于美国太空态势感知的发展来说，注定是不平凡的一年。这一年，美国对太空态势感知的概念逐渐清晰，举办了主题为"太空态势感知及指挥与控制——未来全球太空安全的关键所在"的太空战研讨会。此后，美国太空态势感知能力不断发展，时至今日，已经取得显著进展。

与此同时，法国等欧盟国家苦美国久矣。法国威胁美国发布其秘密卫星轨道，是出于自保的无奈之举，也是向世界展示以法国为代表的欧盟国家在太空态势感知领域的存在感。在这次与美国的较量中，法国表示德国雷达也帮助完成了对美国秘密卫星的探测。与此同时，欧盟也宣布将在2008年评估法国现行雷达系统工作效果后，批准建造更为先进的监视雷达，届时将能够监视距离地表36000千米的地球同步轨道上的卫星。这表明，法国此次行动所代表的是整个欧盟的利益，欧洲国家的行动从来不是单一的。

这一年，无论美国是不是答应了法国的要求，美欧之间围绕空间权力的较量才刚刚开始。

四、案例启示

以小博大，打破太空信息垄断以实现战略目的

2006年，美国出台新版太空政策，首次明确将提供太空态势感知能力纳入国防部部长和国家情报局局长的职责中。2007年7月，美国时任总统布什发布秘密备忘录，其中至少有9项任务要求提高美国太空态势感知能力。彼时，美国已经逐步建立了1个由31部雷达和光学探测器组成、分布在全球16个地点的地基空间监视网，可对直径大于10厘米的8000个太空目标进行识别和

分类，探测距离超过 36000 千米。

2006 年，法国"格拉夫"空间监视雷达系统正式投入使用。2007 年，法国太空低轨目标识别数量达到 2000 余个，雷达监视系统的运行效果远优于设计指标。相较于美国，法国的太空态势感知能力还是相形见绌，但"格拉夫"空间监视雷达系统投入使用，极大地提高了法国的战略性情报获取能力。在美国和法国太空实力极不对称的情形下，法国通过在低轨太空态势感知领域的局部突破，积极利用自身获取的信息，抓住对手的软肋，在特定时间内形成了局部信息优势，并通过这种局部优势达到了一定的政治目的。由此可见，在与强国的太空竞争与对抗中，通过技术发展、装备运用、战术战法创新等方式，通过局部突破，可以打破对方的全面优势，达到战略制衡，甚至获取斗争胜利的目的。

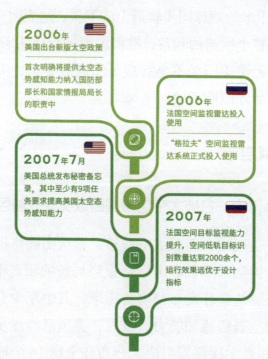

美国和法国加紧态势感知能力建设

附录一 欧洲太空目标探测雷达技术发展

欧洲现有一些雷达和光学设备虽然能够跟踪太空目标并成像,但因欧洲尚未形成太空目标监视系统,这些设备还高度依赖美国太空目标数据开展工作。为了建立独立的太空目标监视系统,欧空局成立了太空目标探测特别工作组,规划建设未来欧洲太空目标探测系统(ESSS),如下图所示。

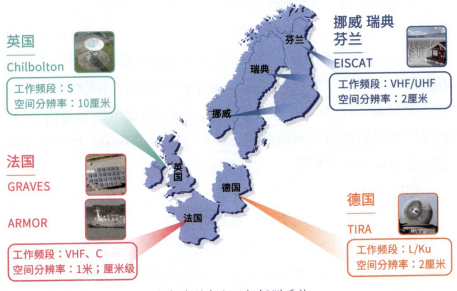

未来欧洲太空目标探测系统

在未来欧洲太空目标探测系统中,典型的探测雷达包括法国"格拉夫"雷达和德国TIRA雷达。"格拉夫"雷达归法国国防部所有,由法国空军操作,2005年投入正常运行,总造价为3000万欧元。"格拉夫"雷达是专门用于监视近地轨道航天器的全天候值班雷达,可有效发现、跟踪和监视在距离地球表面400~1000千米高空上运行的各种人造地球卫星和太空飞行器,能够确定其位置和运行轨迹，可自主汇集和维持目标编目表。探测低轨目标极限尺寸一般为1米以上，目标总数2200个左右。外界则普遍认为，追踪太空碎片只是该系统的一个方面，法国国防部实际上开发的是一整套太空监控系统，具有很强的军事背景。

"格拉夫"雷达由发射中心和信号接收中心两部分组成。其中，发射中心位于上索恩省的布鲁阿列潘地区，信号接收中心天线位于法国东南部的阿尔比昂高原地带。"格拉夫"雷达发射站使用甚高频（VHF）发射机，由4个15米×6米的平板形相控阵天线组成，这些天线倾斜排列成面向南方的半圆，展开可形成一个高度达1000千米的锥形探测扇面。太空目标穿过该探测范围会反射部分发射能量，"格拉夫"雷达接收站利用偶极子平面相控阵天线接收这些反射能量。偶极子平面相控阵天线排列形成一个直径60米的圆面，布在发射机南侧380千米的机场内。"格拉夫"空间监视雷达系统利用方向角、多普勒和多普勒变化率确定大量目标的轨道根数。

德国TIRA雷达归于应用科学研究院所有，是一台单脉冲跟踪和成像雷达，可利用太空目标的方向角、距离和多普勒来确定其轨道。雷达抛物面天线直径34米，置于49米直径天线罩内。TIRA雷达在单脉冲跟踪模式下，工作频段为L波段（1.333吉赫），峰值功率1兆瓦，可探测1000千米距离以上小至2厘米左右的目标，进行累计观测的情况下可提高到1厘米左右。TIRA雷达可利用"距离-多普勒"对太空目标进行逆合成孔径成像，在成像模式下，工作频段为Ku波段（16.7吉赫），峰值功率13千瓦，可获取距离分辨率高于7厘米的太空目标图像。

附录二 没有永远的敌人
——美国太空态势感知数据共享合作协议

2007年在太空态势感知（SSA）领域，美国和法国进行了激烈角逐，然而在4年后的2011年，双方签署了SSA数据共享的前期框架协议，此后在2014年1月，美国和法国两国正式签署了共享非密SSA数据协议。该共享非密SSA数据协议允许两国在恰当的时候共享"SSA数据"。2015年4月16日，美国和法国又在第31届太空研讨会上宣布，两国已签署协议将SSA数据共享扩展到秘密范围。

美国通过共享SSA数据、共建军事航天能力、联合开展太空战推演等方式，与欧亚盟友结成军事太空联盟。2020年7月15日，美国太空司令部与葡萄牙在"第43届美国-葡萄牙常设双边委员会"上签署了《太空态势感知数据共享协议》，强调"美国国防部和葡萄牙在太空飞行安全和提供SSA服务和信息方面开展合作"，这是美军签署的支持太空域感知（SDA）的第131份合作伙伴协议。自2012年美国和加拿大开展SSA信息共享以来，美军战略司令部已与荷兰、巴西、英国、韩国、法国、加拿大、意大利、日本、以色列、西班牙、德国、澳大利亚、比利时、阿拉伯联合酋长国、挪威、丹麦、泰国、新西兰、波兰和葡萄牙等国家签署了数据共享协议，如下图所示。

除了与各个国家开展SSA合作外，美军也积极与商业公司签署合作协议。2021年7月1日，美国太空司令部与自由太空基金会签署商业SSA数据共享协议，启动SSA服务和信息双向交流。该自由太空基金会包括26个成员国家、2个政府组织和3个学术机构，向已经参与 SSA 数据共享计划的卫星运营商提供服务。

与美国签署 SSA 数据共享计划的国家

根据目前的报道，美军的 SSA 合作主要有三种方式：一是与合作伙伴签署数据共享协议。例如，2018 年 4 月在第 34 届太空研讨会上美国战略司令部与丹麦签署 SSA 数据共享合作协议，约定丹麦将同美国共享 2 月发射的丹麦卫星获取的遥感数据，该卫星利用光学成像载荷监测北极地区的船只和飞机。此前，澳大利亚的"蓝宝石"太空目标监视卫星所获数据也共享至美国太空监视网。二是在重点地区部署 SSA 装备，提升美军对南半球与东半球重点目标的监视能力。例如，美军 2015 年在英属阿森松岛部署米级自动望远镜，2017 年在澳大利亚部署 C 波段雷达。三是美军与合作伙伴联合开展 SSA 演习，探讨盟国太空作战中心之间的合作水平与互操作性，改善联合 SSA 对太空作战的支持能力。例如，2018 年日本派出 3 名航空自卫队人员参加美军太空演习，学习美国 SSA 经验，为创建"宇宙部队"做准备。

参考文献

[1] 覃贻花. 法国发现数十颗疑属美国国防部的秘密军事卫星 [EB/OL]. (2007-6) [2022-12-19]. http://news.enorth.com.cn/system/2007/06/15/001720772.shtml.

[2] 曲佳, 谢慧敏. 法国雷达发现若干身份不明的人造卫星 [Z]. 2007.

[3] 尤政, 赵岳生. 国外太空态势感知系统发展与展望 [J]. 中国航天, 2009(9): 40–44.

[4] 吴勤, 范炳健. 美国空间对抗装备与技术发展研究 [J]. 航天电子对抗, 2008(1): 20–23, 49.

[5] 陈利玲, 蔡亚梅. 国外防空防天装备发展现状与趋势 [J]. 航天电子对抗, 2010(3): 5–8.

[6] 李玉书. 空间目标探测雷达技术发展及启示 [C]// 中国空间科学学会第七次学术年会会议手册及文集. 北京, 2009.

[7] 田甜, 刘海印. 盘点美军太空态势感知数据共享合作 [Z]. 2018.

[8] 美法扩大太空态势感知数据共享范畴 [J]. 航天返回与遥感, 2015(2): 59.

案例二 美俄卫星相撞
——人类历史上首次在轨两颗卫星相撞

在漆黑冰冷的轨道上,一颗卫星在安静飘浮。当电子信号突然中断与消失时,它就已经"死"了,没有熊熊火焰,没有巨大的爆炸声响,更没有高科技战中核弹爆炸产生的耀眼火球,深邃的太空依旧寂静。

卫星相撞谁的错?

一、案例概述

2009年美俄卫星相撞事件产生了500～600块大小为5厘米左右的太空碎片。这是当年美国太空态势感知体系统计的结果,在统计结果之外可能还有数量更多、体积更小的碎片。这些弥漫在外太空"横行四方"的碎片将在太空停留几百年才能最终落入地球大气层,在这漫长的周期内这些碎片将会威胁到太空轨道中的各类航天器。这一局面让各航天国家为之紧张,纷纷加紧监视可能出现在各方卫星附近的太空碎片。

到底是什么原因造成卫星相撞?主观因素还是客观因素?操

作失误还是设备故障？经济因素抑或政治因素？如何避免类似事件再次发生？这一事件对太空态势感知能力提出了什么需求？需要发展怎样的态势感知系统？

本案例主要是让读者从分析美俄卫星相撞事件入手，进一步认清太空安全的严峻形势，深入剖析卫星相撞的原因，了解太空态势感知的任务和手段，理解太空态势感知活动，探讨太空态势感知运用方式，启迪对太空态势感知能力需求的深层次思考，提高读者分析、解决太空态势感知相关问题的能力。

二、案例详情

（一）人类历史上首次在轨卫星相撞

美国东部时间 2009 年 2 月 10 日上午 11 时 55 分，美国"铱 33"卫星与俄罗斯已报废的"宇宙（COSMOS）-2251"卫星在西伯利亚上空发生相撞，这是人类历史上首次发生的两颗在轨卫星相撞事件，如下图所示。

卫星相撞事件

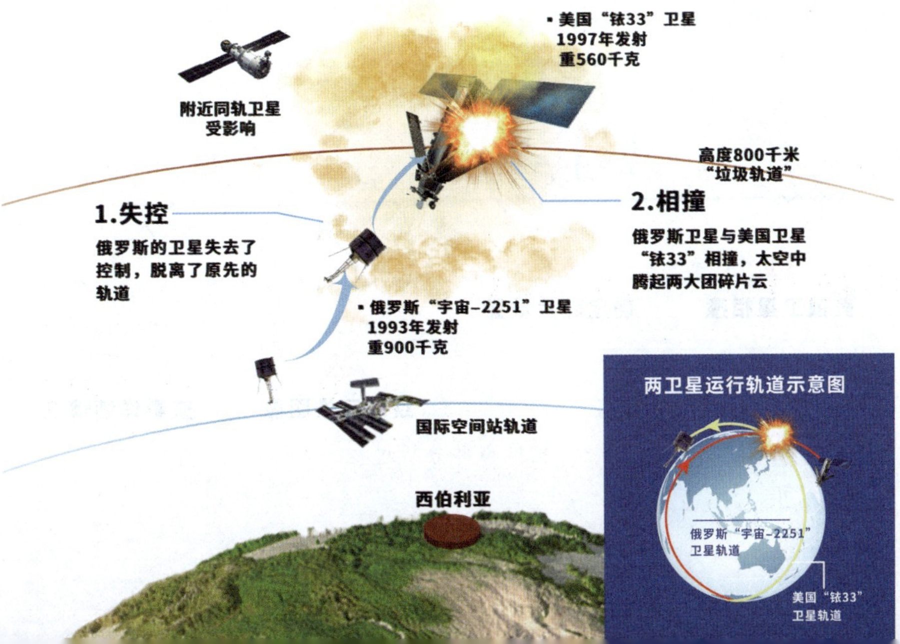

此次卫星撞击事件发生的第一个迹象是铱星公司负责人联系到美国战略司令部下属办公室，报告说他们的一颗卫星失去了联系。随后，美国国防部太空监视中心传出报告称，在低轨道发现了很多新的物体，并在铱星运行轨道发现了两个巨大的碎片云团，由此确定发生了卫星撞击事件。发生相撞的卫星分别为美国铱星公司的"铱33"卫星和俄罗斯的"宇宙-2251"卫星。前者重约560千克，于1997年发射；后者重约900千克，于1993年发射，之前已处于报废状态。

同日，俄罗斯航天兵也发布消息说，俄罗斯和美国的两颗卫星在太空中发生相撞。

撞击产生的大量碎片已经散落到太空中。当天负责监控太空碎片的专家迈克尔·凯利说："我们已经确定的碎片数量超过了600块。我们可能需要两天时间绘制出三维图像，届时才能看到这些碎片的详细情况。"美国航空航天局约翰逊太空中心轨道碎片首席科学家尼古拉斯·约翰逊说："要想得到碎片的精确数量可能还需要一段时间，当这些物体离得非常近的时候，分辨起来非常困难。但是再过两天，我们就能得到更加详细的资料。"相撞事件分析过程如下图所示。

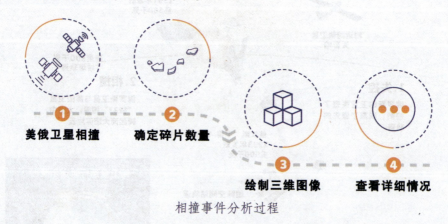

相撞事件分析过程

（二）不是我的错

或许是美苏"冷战"给世人留下了太多的记忆，该事件一经报道，犹如人们内心深处所渴望出现的"导火索"一样，引爆了媒体和民众诸如"太空战"或者"阴谋论"等的无限猜想。

1. 双方都有错

美国航空航天局约翰逊太空中心轨道碎片首席科学家尼古拉斯·约翰逊接受采访时表示，卫星相撞，美俄双方都有错。约翰逊说："两颗卫星进入了彼此的轨道，无所谓谁对谁错。在太空中，你无法知道你的轨道前方会出现什么。"当被问及此次卫星碰撞是哪颗卫星先发生故障时，约翰逊说："俄罗斯卫星首先失去了控制。"约翰逊还表示："卫星相撞事件并不经常发生，以前从未遇到过卫星相撞的事故。"美国航空航天局认为做出预警并非他们的职责范围，美国国防部太空监视网承认无法一一追踪到太空中数以万计物体的移动方向。

2. 美国失事卫星可能"越轨"

针对美国铱星公司关于美俄卫星太空相撞可能与俄罗斯卫星失控有关的说法，俄罗斯国防部新闻发言人伊万诺夫2009年2月12日发表声明说，此次相撞可能是美方卫星错误闯入太空"垃圾轨道"造成的。他解释说，距地球表面约800千米的太空轨道被称为"垃圾轨道"，那里聚集着各国的失效卫星。俄罗斯的"宇宙-2251"卫星早于1995年就停止了工作，不能说俄方"卫星失控"。他推测有可能是美方卫星错误闯入这一"垃圾轨道"导致两星碰撞。

俄罗斯著名太空专家利索夫说，美国铱星公司本来可以防止"铱33"卫星和俄罗斯"宇宙-2251"卫星相撞。利索夫指出，俄方"宇宙-2251"卫星属失效卫星，而美方的"铱33"卫星情况则完全不同，它拥有正常运转的发动机及足够的燃料，理应可以及时调校运行轨迹，避开撞击。因此，利索夫质疑美方在卫星接近俄方失效卫星时为何不及时改变其运行轨道。他猜测有关专家可能只顾着监视小型太空物体，而忽略了报废的卫星。

3. 美国承认计算卫星轨道时存在失误

美国五角大楼发言人布赖恩·惠特曼 2009 年 2 月 12 日承认，此次事件中美国在计算卫星轨道时存在失误，他们没有计算到这次相撞。惠特曼解释说，负责跟踪太空轨道的监视中心所监测的太空物体多达 1.8 万个，如此之多的跟踪对象迫使指挥中心不得不有所选择，"我们不可能监测每一个人造飞行物及其碎片""没有资源去警告所有的卫星运营商每一次潜在的危险情况。"

4. 美国国防部有意所为

据美国《华尔街日报》分析称，这次事件发生时间正值美国国防部争取更多经费，事件或将影响美国太空政策和预算。美国国防部现试图争取更多经费，以加强太空目标的监测，确保美国宇宙飞船及卫星的安全。由于当时已经有多个国家具备发射卫星进入太空的能力，美国军方在关心如何避免发生碰撞的同时，更为担心对手会干扰或击落美国卫星。

5. 事情真相有待查明

欧空局自动货运飞船项目负责人弗朗索瓦·克莱瓦在接受记者专访时说，卫星相撞的具体原因还需要分析相关数据才能知道。他认为，此类事件发生的概率非常低，但也并非全无可能。一般来说，很难继续控制报废卫星，因此卫星运营方通常会承诺不让卫星"完全失控"，并在其使命结束前下达指令，将卫星移至较安全的"停靠轨道"，这样就可以最大限度地降低废弃卫星带来的潜在危险。

铱星公司拒绝透露是否将以疏忽管理为由向俄罗斯提出索赔。公司正在调查卫星相撞事件，称他们与相关的政府部门进行着合作。"我们仍在研究相关事宜。"铱星公司12日称，他们事先未收到有关其卫星将与俄罗斯卫星相撞的警告。

卫星相撞谁的错？

01 双方都有错
美国航空航天局科学家约翰逊：两颗卫星进入了彼此的轨道，无所谓谁对谁错。

02 美国失事卫星可能"越轨"
俄罗斯国防部新闻发言人伊万诺夫：此次相撞可能是美方卫星错误闯入太空"垃圾轨道"造成的。

03 美国承认计算卫星轨道时存在失误
美国五角大楼发言人惠特曼：此次事件中美国在计算卫星轨道时存在失误，他们没有计算到这次相撞。

04 美国国防部有意所为
美国《华尔街日报》：这次事件发生正值美国国防部争取更多经费，事件或对美国太空政策及预算有影响。

05 事情真相有待查明
欧洲航天局项目负责人克莱瓦：卫星相撞的具体原因还需要分析相关数据才能知道，此类事件发生的几率非常低，但也并非全无可能。

（三）谁才是罪魁祸首

事件发生后，世界各国太空方面的专家前往维也纳，参加联合国和平利用外太空委员会举办的研讨会，以商讨防止太空相撞事件的更好方法，专家们还将讨论如何使卫星运营商更加重视太空安全而不是只注重商业利益。

美俄卫星相撞是不是真的存在"太空战"或者"阴谋论"的可能性，相撞是蓄意的吗？谁该为此次事件负责？美俄卫星相撞有哪些可能的原因，主观因素还是客观因素，经济因素抑或政治因素？是态势感知系统中操作人员的原因还是设备或技术的原因，抑或是指挥控制的原因？从态势感知能力的角度看，能否避免类似事件再次发生，如何避免？这一事件对态势感知能力提出了什么需求？应该建设怎样一个太空态势感知系统？怎么建设？建设的重点和难点是什么？

三、案例分析

美俄卫星相撞事件具有三个特点：一是事发的突然性。如果排除故意为之的因素，从美俄双方均未作出预警和规避，及后续反应来看，此事件发生非常突然，双方预先均未发现。二是情况的复杂性。美俄最终都未能准确定位该事件发生的主要原因，也未能对责任进行清晰界定，说明该事件相关信息较为复杂，分析鉴定存在难度。三是后果的不确定性。虽然双方对一定大小的碎片进行了监测，但此次事件所导致的实际影响尤其是连锁反应、关联反应等很难完全准确评估。

（一）碰撞的可能原因

从俄方来看，俄罗斯太空监视和预警的重点是本国在用航天器和外军高价值太空目标，可能未对报废的"宇宙-2251"卫星进行有效监测和预警。从美方来看，"铱33"卫星属于其日常监测和预警的重点目标，可能受限于监测资源的有限、目标探测的精度、轨道预报的精度、碰撞预警的漏警等因素，以及在轨航天器碰撞预警当时并未引起足够的重视，从而导致了碰撞的发生。

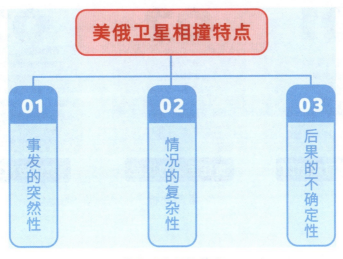

美俄卫星相撞特点

（二）责任主体的认定

《责任公约》（美国和俄罗斯都是缔约国）有关规定：一是分为绝对责任（太空物体对地面或飞行中的飞机造成损害，要负绝对的无限的赔偿责任）和相对责任（太空物体在地球表面以外的其他地方给他国的太空物体或人员、财产造成的损害）。二是此次事件责任的基础是过错责任，但法律并未对过错责任进一步进行明确。外层空间法也没有明确规定发射国对报废卫星或产生的碎片进行回收的义务。

（三）有关应对措施

一是完善国际太空有关立法，明确类似情况的赔偿责任。二是促进太空信息的公开与交流。三是适时制定国际太空交通管理规则，共同做好太空目标碰撞预警。四是建立报废卫星等太空垃圾强制处理的国际规则。五是推动太空垃圾收集和清洁技术发展。六是禁止在太空开展产生太空碎片的试验。七是树立"少污染、多治理"的太空环境理念。

01 碰撞的可能原因	02 责任主体的认定	03 有关应对措施
监测资源的有限 目标探测的精度 轨道预报的精度 碰撞预警的漏警	1.分为绝对责任和相对责任 2.此次事件责任的基础是过错责任，但法律并未对过错责任进一步进行明确	1.完善国际太空有关立法 2.促进太空信息公开与交流 3.制定国际太空交通管理 4.建立太空垃圾强制处理国际规则 5.推动太空垃圾收集清洁技术发展 6.禁止开展产生太空碎片的试验 7.树立"少污染、多治理"太空环境理念

案例分析

四、案例启示

太空相撞会不会再次上演？

美俄卫星相撞事件发生在2009年，虽然已经过去十余年，但对我们今天分析评估太空安全形势、思考筹划下一步太空态势感知建设发展仍有重要启示意义。特别是随着"星链"等巨型低轨星座计划的推进，地球轨道必将更加拥挤，"太空中的撞击"及相关事件再次发生的风险不断增大，对太空态势感知能力提出了更高的要求。

一是快速灵敏感知能力。从美俄两国未能及时预警也未能有效规避卫星相撞，反映出美俄在碰撞风险预判上还存在不足，从事件发生后两国均未能对卫星碎片威胁作出全面、定量的分析，只是定性地表示"有可能"，反映出两国态势感知灵敏度尚不足以应对此类突发碰撞事件。目前许多太空资产自主防护能力有限，如果不提高快速灵敏感知能力，一旦遇到碰撞风险，就难以快速作出预警规避，也难以第一时间获取航天器受损信息，无法及时对其他航天器作出预警。

　　二是智能感知能力。太空态势感知既有对"态"的"感"，也有对"势"的"知"。这一事件发生后，美俄双方相互指责对方要为此次相撞负责，但均无法拿出特别有说服力的证据，反映出当时美俄虽然都具备较好的太空目标监测和编目能力，但对于卫星意图的分析以及相关威胁的评估，还不能做出较好的研判。要实现"感"向"知"的深化，亟须借助人工智能、大数据挖掘等智能感知手段，既能准确掌握航天器的位置和功能性能等信息，也能对他国航天器以及导弹的行为、意图、威胁等作出判断，更有效地指导相关部门作出防范。

　　三是联动感知能力。太空域没有国界、业界等清晰界限，航天器既需要融入所在的航天系统，也不可避免地要与多方航天系统产生联动关系。这一事件中，"铱33"卫星本身处在星座中，其相撞后必然对整个星座的架构、功能带来影响，也给其他航天器特别是他国航天器运行安全带来不小影响。因此，某种程度上太空中各方是"安全共同体"。不论从法理或技术角度，各国都应共同推动太空态势感知国际合作，提高碰撞预警等信息联动共享水平，提高"共同体"的安全度。

　　四是自主能动感知能力。美俄两颗卫星的轨道倾角相差12°，撞击时两颗卫星的相对速度约为11.647千米/秒。太空中这类撞击并不具有典型性，那些轨道倾角更为接近、相对速度更小的撞击，发生概率要大得多。航天器仅靠地基或海基等感知系统得出的数据进行风险规避显然是不够的，尤其对于数量庞大、地基或海基设备均难以监测的小尺寸碎片，必然要依赖航天器自身进行感知与应对。这就需要发展航天器自身态势感知、自动化处理和规避能力，同时通过星间联动，促进态势信息的共享，提高航天器在地面信息支持之外的安全系数。此外，还可以适当发展"太空清道夫"式的轨道垃圾清理器，清除太空碎片，净化轨道环境，从另一个角度提升太空态势感知的效率。

太空态势感知能力的要求

案例二 美俄卫星相撞——人类历史上首次在轨两颗卫星相撞 | 029

附录一 相撞卫星介绍

1. 铱星

美方卫星"铱33"卫星由美俄联合投资制造,俄方投资8200万美元。1997年,该卫星在俄罗斯的拜科努尔发射场发射升空。铱星星座如下图所示。

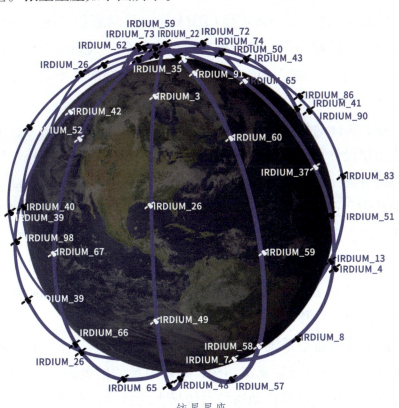

铱星星座

铱星移动通信系统是美国铱星公司委托摩托罗拉公司设计的一种全球性卫星移动通信系统,用户使用手持卫星电话机,通过卫星可在地球上的任何地方拨出和接收电话信号。铱星电话机使用的过程是：当地面上的用户使用卫星手机打电话时，该区域上空的卫星会先确认使用者的账号和位置，接着自动选择最便宜也是最近的路径传送电话信号。如果用户是在一个人烟稀少的地区，电话将直接由卫星层层传达到目的地；如果是在一个地面移动电话系统 [全球移动通信系统（GSM）或码分多址（CDMA）地面移动通信系统] 的邻近区域，控制系统会使用当地的地面移动通信系统的网络传送电话信号。

目前我们使用的 GSM 和 CDMA 地面移动通信系统只适于在人口密集的区域使用，对于覆盖地球大部分、人烟稀少的地区则根本无法使用。也就是说，铱星移动通信系统的市场定位是需要在全球区域进行电话通信的客户。

为了保证通信信号的覆盖范围，获得清晰的通话信号，卫星系统初期设计认为必须在太空保持 7 条卫星运行轨道，每条轨道上均匀分布 11 颗卫星，这样就能组成一个完整的卫星移动通信星座系统。由于它们就像化学元素铱原子核外的 77 个电子围绕运转一样，所以该全球性卫星移动通信系统被称为铱星。后来经过计算证实，设置 6 条卫星运行轨道也能够满足技术性能要求，因此，全球性卫星移动通信系统的卫星总数被减少到 66 颗，但仍习惯称为铱星移动通信系统。

铱星移动通信系统中每颗卫星的质量为 670 千克左右，功率为 1200 瓦，采取三轴稳定结构，每颗卫星的信道为 3480 个，服务寿命 5~8 年。铱星移动通信系统最大的技术特点是通过卫星与卫星之间的接力来实现全球通信，相当于把地面蜂窝移动电话系统搬到了天上。

然而好景不长，如此高"科技含量"、价格不菲的铱星移动通信在市场上遭受到了冷遇。整个铱星系统耗资达 50 多亿美元，

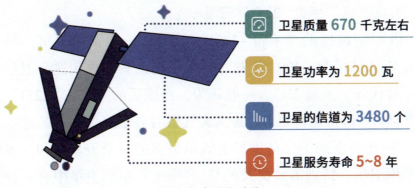

铱星移动通信系统

每年光系统的维护费就要几亿美元,但铱星系统用户最多时才5.5万,而据估算它必须发展到50万用户才能盈利。由于巨大的研发费用和系统建设费用,铱星公司背上了沉重的债务负担。除了摩托罗拉等公司提供的投资和发行股票所筹集的资金外,铱星公司还举借了约30亿美元的债务,每月债务利息就高达4000多万美元。受到债务过高和用户不足的影响,从一开始,铱星公司就没有喘过气来,一直在与银行和债券持有人等组成的债权方集团进行债务重组的谈判,但双方始终未能达成一致。债权方集团于1999年8月13日向纽约联邦法院提出了迫使铱星公司破产改组的申请;加上无力支付两天后到期的9000万美元的债券利息,铱星公司被迫于同一天申请破产保护。2000年3月18日,铱星背负40多亿美元债务正式破产。

2001年,铱星公司得以重组,并在2003年的伊拉克战争中发挥了重要作用。自此,美军成为铱星公司的最重要客户。经历了破产重组又东山再起的铱星公司,已于2019年完成铱星二代星座的部署,服务能力也上了一个台阶,已经在低轨星座的竞争中占据重要地位。

2. 俄罗斯"宇宙-2251"卫星

俄罗斯被撞的"宇宙-2251"卫星是一颗军用卫星,早在1995年就已报废。1993年发射时为了掩盖其军事用途,卫星使用了假代号"天箭2M"。一般认为,报废后的"宇宙-2251"卫星将会自行降低运行轨道,进入大气层后会燃毁。

"宇宙"系列卫星是世界上数量最多的一个卫星系列,多数为军用卫星。特别需要提及的是,"宇宙"系列卫星中有一种是用来进行反卫星试验的,即用"宇宙-3M"号火箭从普列谢茨克航天发射场发射一颗"宇宙"卫星作为靶星,用"旋风2"号火箭从拜科努尔发射另一颗"宇宙"卫星作为拦截卫星,由后者对前者进行拦截。这曾是苏联拥有的世界上唯一可用于实战的反卫星系统。从1968年至1982年,这种反卫星试验进行过20次,其中9次成功,11次失败。

俄罗斯"宇宙-2251"卫星发展历程

附录二 类似事件

1. 凯斯勒症候群

"凯斯勒症候群"（Kessler Syndrome）这一概念是美国航空航天局顾问唐纳德·凯斯勒（Donald Kessler）提出的，它设想有一天低地球轨道上的垃圾实在太多了，以至于人造卫星和航天器经常被撞击，由此产生更多的太空垃圾，形成恶性循环，最后使得几乎不可能发射新的航天器，因为发射上去就会被撞坏。

正常情况下，受近地轨道的稀薄大气阻力影响，人类发射到地球轨道上的卫星最终都会越降越低，最终坠入大气层并烧毁，但是这需要漫长时间。研究人员认为，此次撞击中有大量碎片留在了两颗卫星的轨道附近，这些碎片坠入大气层可能需要一万年。

2. 环地球轨道空间是"超级垃圾场"

事实上，环地球轨道本身就是一个"超级垃圾场"。据统计，大约有3000吨太空垃圾在绕地球飞奔。大到废弃卫星和各类航天器的金属部件，小到固体发动机点火产生的残渣和粉末，这些直径大于1毫米的物体有3.3亿多个。

体积较大的太空碎片,即使在寿命到期的时候,依然会对人类构成威胁。1997年1月22日,一个火箭的燃料储罐再入大气层后没有完全烧毁,最终陨落在美国的得克萨斯州;1997年1月24日,苏联带有核动力的雷达卫星在加拿大西北上空解体,500多块带有放射性的碎片散落在800千米长的地带上,给当地带来极为严重的后果。

近年来太空碎片的增长速度越来越快,仅10厘米以上碎片,平均每年净增200个。据悉,这些垃圾大都来自人类在进行太空活动时遗弃的各种物体和碎片,它们如人造卫星一般按一定的轨道环绕地球飞行,形成一条条危险的垃圾带。科学家估计,太空垃圾数量正以每年2%~5%的速度增加,照这个速度发展下去,100年后,太空碎片的数量将比现在增加一个数量级,航天器将无法在太空生存。

越来越多的太空垃圾挤在人类航天器的轨道中间,成为人类航天器的最大杀手,对航天员的安全造成严重威胁。除此之外,太空垃圾还污染了宇宙空间,给人类带来灾难,尤其是核动力发动机的脱落,将会造成放射性污染。

3."太空碰碰车"有先例

历史上的太空相撞事件中,"犯罪记录"最突出的就是"阿丽亚娜号"火箭的残骸。1986年,"阿丽亚娜号"火箭进入轨道之后不久便爆炸,释放出564块10厘米大小的残骸和2300块小碎片。后来这些残骸和小碎片在绕地球轨道飞行的过程中,先后导致两颗日本通信卫星和一颗法国卫星"命赴黄泉"。

1991年12月底,俄罗斯一枚已经废弃的人造卫星"宇宙-1934"在运行中恰巧遇见自家发射的姊妹宇宙飞船"宇宙-926"释放出的一大块物体,二者相撞,随即发生爆炸,前者一分为二，后者零碎到无法跟踪。除此之外，苏联的"礼炮-7号"轨道站也多次遭遇此类"尘埃"的撞击，导致多处损坏。

1996年7月24日，一块"阿丽亚娜"号火箭的残骸以每秒14千米的相对速度撞断了法国一颗正在工作的电子侦察卫星的重力梯度稳定杆，后者翻滚失效。

2005年1月17日，距离地球表面885千米的近地轨道上演了一幕罕见及惊人的撞击事件。美国31年前滞留在太空的火箭残骸和5年前中国留在太空中的火箭残骸当空相撞，美国航空航天局的太空目标监视系统准确地捕捉到了这令人震惊的一幕。

太空相撞事件

1986年	1991年	1994年	2005年
"阿丽亚娜号"火箭进入轨道之后不久便爆炸，释放出564块10厘米大小的残骸和2300块小碎片。	俄罗斯一枚已经废弃的人造卫星"宇宙-1934"在运行中与宇宙飞船"宇宙-926"释放出的一大块物体相撞，随即发生爆炸，前者一分为二，后者零碎到无法跟踪。	一块美国"阿丽亚娜号"火箭的残骸，以每秒14千米的相对速度撞断了法国一颗正在工作的电子侦察卫星的重力梯度稳定杆，后者翻滚失效。	美国31年前滞留在太空的火箭残骸和5年前中国留在太空中的火箭残骸在距离地球表面885千米的近地轨道上相撞。

附录三 深远影响

由于太空碎片与航天器之间的相对速度很大，一般为每秒几千米至几万米。因此，两者即使是轻微碰撞，也会给航天器带来巨大损坏。一块仅有药片大的太空碎片就能将人造卫星撞成"残废"。

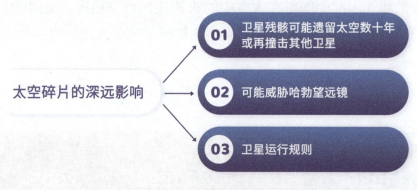

太空碎片的深远影响

1. 卫星残骸可能遗留太空数十年或再撞击其他卫星

初步跟踪结果显示，美俄卫星相撞产生了600多个新的可探测到的碎片，但经验告诉我们，可能还有数以千计的难以探测的碎片。

报道表示，这次撞击造成的碎片可能引发一系列的太空事故，包括其他65颗铱星卫星在内的在轨卫星可能与碎片发生撞击。而新的碰撞又将产生成千上万的新碎片并将威胁到更多卫星的运行安全。这些碰撞将在未来几十年中陆续发生。

2. 可能威胁哈勃望远镜

欧洲航天局（简称欧空局）自动货运飞船项目负责人弗朗索

瓦·克莱瓦认为，比起国际空间站和大多数卫星，哈勃太空望远镜受到的威胁可能更大一些。因为哈勃望远镜自身没有驱动设备，无法调整轨道躲避太空中的"明枪暗箭"。不过，有关方面会通过高分辨率雷达等密切监视太空碎片的动向，评估其可能造成的危险，及时提醒运营方。

3. 卫星运行规则

与此同时，一些人士对此次撞击的相关赔偿问题也表示了关注。英国伦敦经济学院的斯图亚特博士说，此次相撞也引起了一个问题，那就是"太空律师"现在必须厘清谁该为碰撞负财务责任。斯图亚特还表示，此次事件也是对外太空委员会的一个考验，该委员会虽然制定了一些规则，但如何应用这些规则解决现实问题依然是个难题。他说："立法者拿出了这些法律，我们真的不知道是如何适用的。"

国际战略研究院航天分析家安德鲁·布鲁克斯说，两颗卫星在近地轨道相撞，这里是太空最为拥挤的地方，是通信、科学和气象卫星最重要的运行区域。美俄卫星相撞造成的碎片云不仅提高了连环碰撞的可能性，也使得全球制定"太空交通规则"的呼声不断增强。他表示，因为近地轨道卫星和太空垃圾越来越多，未来将发生更多的太空物体相撞事故。

布鲁克斯表示，尽管他们呼吁制定卫星运行规则，但由于此事太过敏感，相关国家不愿分享卫星信息。

布鲁克斯还表示，从长远来看，美俄卫星将引发地缘政治问题，因为人们可能会疑惑："相撞是蓄意的吗？"他指出，国际社会必须在太空问题上更加透明，否则将引发严重的外交事件。

附录四 太空治理刻不容缓

自1957年人类发射第一颗人造卫星以来,各国航天活动产生了大量太空垃圾。太空垃圾主要包括废弃的卫星及探测器、运载火箭末级碎片和宇航员意外丢失的物品等。地面能探测到的1000千米以内、尺寸10厘米以上的"太空垃圾"约有2万多个,10厘米以下的这类"垃圾"有几十万个之多。

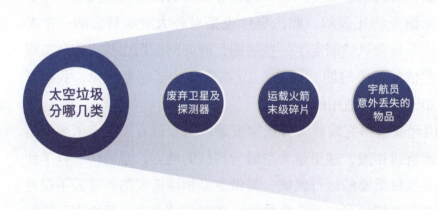

太空垃圾分类

国际舆论认为,如果说卫星相撞事件给人们带来什么警示的话,那就是加强太空管理已刻不容缓,世界各国必须联合起来,制定公约,共享数据,共同承担责任与义务,使人类更好地探索太空。

美俄两颗卫星相撞,美国和俄罗斯方面都称对方应对此次事件负责,但实际上,太空中没有交通规则也没有交通控制系统。多年来,很多航天安全专家都在建议建立民用太空交通协作网。卫星相撞事件发生后,美国、欧洲国家、俄罗斯和中国的专家在罗马探讨了"民用太空态势感知能力"问题。会议中的一份声明写道,"我们所需要的大部分数据已经在不同参与者的手中了，包括科学研究所、跨国公司和天文爱好者。""难点在于打破这些不同来源之间的藩篱，让不同类型和来源的数据共享，共享的同时又能保护不同参与者的权利和隐私。这当然是一个挑战，但我们迄今还没有遇到任何不能克服的技术障碍。"美国在全球设有多个太空监视中心，俄罗斯在西南部和接近塔吉克斯坦的地方都设有太空监视设施。对于低地球轨道的物体，雷达是主要的监测设备，而对于更远的物体则使用光学望远镜，这样就能实现太空碎片的广泛监测。与此同时，政府相关机构和一些卫星运营商在数据和信息的共享上需要更加开放，才能更有效地避免卫星以及卫星与太空碎片相撞事件。

参考文献

[1] 冯昊，向开恒. 美俄卫星碰撞事件验证及其对我国卫星的影响分析. 航天器工程，2009, 18(5)20-27.

[2] 任海军. 美国一通信卫星与俄罗斯一报废卫星太空相撞 [Z]. 2009.

[3] BECIY L, TARIQ M.U.S. Satellite Destroyed in Space Collision [EB/OL]. (2009-02-11) [2022-12-19]. http://www.space.com/news/090211-satellite-collision.html.

[4] 孙闻. 中科院已开始对俄美卫星碎片进行搜索捕获 [Z].2009.

[5] 张庆华. 美官员称卫星撞击碎片分析结果无法按计划公布 [EB/OL].(2009-02-14) [2022-12-19].https://www.chinanews.com.cn/gj/bm/news/2009/02-14/1563050.shtml.

[6] 魏恒. 俄航天军证实俄美卫星相撞 跟踪评估卫星残片 [EB/OL].(2009-02-12)[2022-12-19].https://www.chinanews.com.cn/gj/news/2009/02-12/1561323.shtml.

[7] 侯丹，许红英. 美俄两颗相撞卫星并未完全损坏 [Z]. 2009.

[8] 彭辉琼，吕久明，路建功. 美国太空作战演习主要成果探析 [J]. 航天电子对抗，2019, 2: 59-63.

[9] 吴新峰，杨玉生，李潇，等. 美军太空旗帜系列演习综述 [J]. 飞航导弹，2020, 2: 26-29.

[10] 王涛. 美军"施里弗"太空战系列演习 [J]. 军事文摘，2020(17): 30-33.

[11] 张健. 美国新版《国家太空政策》解读 [J]. 世界知识，2021(02): 36-37.

案例三 欧洲"风神"卫星与星链卫星规避——"先到先得"还是为霸权让道?

太空发展的转折点正在迅速到来。人类对太空的参与正从一个不计后果地利用太空的时期,过渡到后果逐渐干扰我们当前太空行为的时代。太空交通问题就是其中之一,未来急需太空交通管理规则。

一、案例概述

2019年5月,美国SpaceX公司使用"猎鹰"9号火箭将"星链计划"的首批次60颗卫星一次性送入太空,在入轨3个月后,其中的"星链-44"卫星与欧洲"风神"(Aeolus)卫星出现了碰撞风险。欧空局(ESA)与SpaceX公司主动进行了对接协调,但SpaceX公司始终未采取任何措施。最终欧空局于9月1日对其所属的"风神"卫星进行了主动规避控制,避免了一次太空撞击事件发生。此次事件不仅为人类敲响了太空安全防护迫在眉睫的警钟,也反映出美国在太空中的蛮横与霸道。

- 2019年5月,美国SpaceX公司将"星链计划"的首批次60颗卫星一次性送入太空

- 入轨3个月后,其中的"星链-44"卫星与2018年发射的欧洲"风神"(Aeolus)卫星出现了碰撞风险

- 星链卫星始终未动,最终欧空局对其所属的"风神"卫星进行了主动规避控制,避免了太空撞击事件

案例三 欧洲"风神"卫星与星链卫星规避——"先到先得"还是为霸权让道？ | 041

研究本案例，对欧洲"风神"卫星与星链卫星发生碰撞规避事件进行详细梳理分析，全面了解该事件的发生背景和处置过程，以及双方卫星特点和有关影响。通过对整个过程的深入剖析，了解太空碰撞预警的特点和一般处置原则，从案例中碰撞双方的沟通模式、处置方式等，揭示太空交通管理的重要性，以及美国星链巨型星座对太空拥堵以及对碰撞规避模式的深刻影响。

二、案例详情

（一）惊魂时刻——太空"十字路口"的紧急避让

2019年9月3日，欧空局发布声明，约一周前，美军数据显示，2日欧空局"风神"卫星可能与"星链-44"卫星发生碰撞。美国军方向欧空局和SpaceX公司都发出了可能碰撞的提醒。欧空局太空碎片办公室专家立即根据实时数据持续计算碰撞概率，随着时间推移，两星的碰撞概率在不断增加。

8月28日，欧空局团队主动联系美国SpaceX公司讨论应对方案，美国星链团队最后的电子邮件回复道"我们没有对这一事件采取措施的计划"。

8月29日晚间，两星的碰撞概率首次超过了万分之一，这是采取主动规避行动的阈值（对于太空中运行的航天器，考虑到各种不确定性和航天器运行安全的需求，万分之一的碰撞概率已达到极高层级）。欧空局工作人员提前预备了碰撞规避方案，计划在"星链-44"卫星保持原轨位不动的情况下，将"风神"卫星轨道高度提升350米，使其从"星链-44"卫星上方绕过。但面对关乎卫星和太空安全的紧急情况，另一边的美国星链团队却依然没有动静。

9月1日,也就是潜在碰撞预计发生的前一天,碰撞概率提升到了千分之一,10倍于采取规避措施的阈值,位于德国的欧空局任务控制中心向卫星发出了调整轨道的指令。9月2日早晨,指令触发了一系列推进器点火操作,此时距离潜在的碰撞发生只有半圈的轨道距离。大约在预计潜在碰撞发生的半小时后,控制中心再次收到了"风神"卫星发回的信号,这也意味着这次规避操作取得成功,紧张了一周的工作人员才终于安下心来,正常的气象观测得以继续进行。

碰撞概率首次超过了万分之一,这是采取主动规避行动的阈值。欧空局工作人员提前预备了碰撞规避方案,美国星链团队却依然没有动静。

指令触发了一系列推进器点火操作,大约在预计潜在碰撞发生的半小时后,控制中心再次收到了"风神"卫星发回的信号,这也意味着这次规避操作取得成功。

美军数据显示,2日欧空局"风神"卫星可能与"星链-44"卫星发生碰撞。欧空局团队主动联系美国SpaceX公司讨论应对方案。

潜在碰撞预计发生的前一天,碰撞概率提升到了千分之一,10倍于采取规避措施的阈值,位于德国的欧空局任务控制中心向卫星发出了调整轨道的指令。

事件发生过程

在这一惊心动魄的事件发生之后,SpaceX公司也发布了他们的相关声明。其中重点说明的是,他们公司正在调查星链团队没有及时回复最新邮件的问题。声明表示:"8月28日星链团队与"风神"卫星团队最后交换了邮件,当时给出的碰撞概率在五万分之一,没有必要采取规避措施。但是当碰撞概率增加到万分之一时,在线通信系统的一个错误阻止了星链团队运行人员看到后续概率增加的信息。SpaceX公司仍在调查这个问题,并将采取纠正措施。如果星链团队看到了这些邮件,他们肯定会与欧空局协

案例三 欧洲"风神"卫星与星链卫星规避——"先到先得"还是为霸权让道？ | 043

调，以确定最佳规避方案。"

（二）涉及的两位主角

为进一步深入分析案例有关情况，我们首先来了解事件涉及的两位主角——欧洲"风神"卫星和美国"星链-44"卫星。

1. "风神"卫星

欧空局于 2018 年 8 月发射了"风神"（Aeolus）卫星，它是人类第一颗研究地球高层风的科学卫星。卫星主体尺寸大约 2 米，重达 1.36 吨，携带了 1 部直径为 1.5 米的望远镜、1 部散射接收组件和 1 台多普勒测风紫外激光雷达。通过先进的激光测风雷达，它可以直接测量从地球表面到平流层之间的风速和风向，并且能够实现全球数据覆盖。

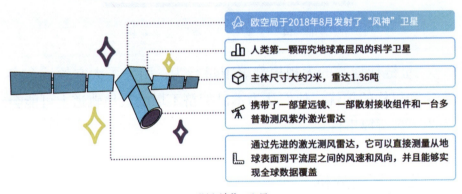

"风神"卫星

因为工程技术上有很大的难度，整个卫星耗资约 4 亿 8 千万欧元，前后经历了 20 年才最终发射升空，计划在轨工作至少 3 年。"Aeolus"这个词就是希腊神话中的风神，从欧空局对于这颗卫星的命名，也足以看出他们对"风神"卫星寄予厚望。

2. "星链-44"卫星

"星链-44"卫星是美国"星链计划"4.2 万颗巨星星座中的 1 颗。2018 年 3 月，SpaceX 使用"猎鹰九号"火箭在一次常规发射中搭载了2颗星链试验卫星。2019年,"星链计划"全面启动,5月23日,SpaceX公司使用"猎鹰九号"火箭成功将"星链计划"首批60颗卫星送入各自预定轨道,这些卫星的重量大约为每颗230千克,相当于"风神"卫星的1/6,尺寸也小很多。

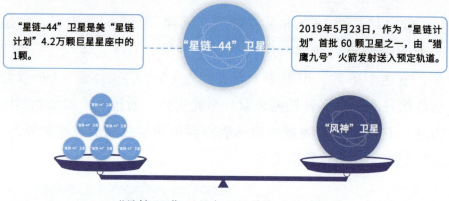

"星链-44"卫星与"风神"卫星对比

"星链计划"的大规模部署卫星行为,引发了太空领域众多专家和机构的担忧,他们认为本已拥挤不堪的近地轨道上可能会发生更多碰撞事件。

三、案例分析

美国哈佛-史密森天体物理学中心的乔纳森·麦克道尔说:"这一事件凸显了这些大型星群所带来影响的不确定性。目前,在近地轨道运行的所有卫星运营商都需要时刻保持警惕。"通常情况下,卫星都是运行在自己的特定轨道,相撞的一个基本前提是它们轨道高度相近,两者在某一时刻具有交会点(即在轨道曲线上有重合点)。2018年8月发射的"风神"卫星率先占据了高度为320千米的轨道,而2019年5月"星链计划"首批次发射的 60 颗卫星，绝大多数卫星的轨道高度从 440 千米提升到了 550 千米，而"星链-44"卫星却受控降低至 320 千米附近，用以开展主动脱轨技术试验。

因此，对于太空这个公共领域来说，"星链-44"卫星相当于是一个闯入者，其进入了"风神"卫星率先占据的轨道资源。但目前，关于太空中航天器的运行规则并没有明确的规定，所以预先占领轨道资源的一方并没有合法的理由要求被闯入方主动调整轨道，这也是直接导致两颗卫星存在严峻碰撞风险的重要原因。

通常情况下，当航天器发生碰撞预警事件时，可按照两类情况进行处置：一是若发生碰撞的是太空碎片或已"死亡"卫星等不具备轨道机动的太空物体时，由卫星所属单位根据具体情况主动实施轨道机动以消除碰撞风险；二是若发生碰撞的是两颗卫星，则需要两颗卫星所有方综合卫星轨道特点、碰撞趋势、任务需要等多个条件，协商确定最优的碰撞规避方案，以确保双方卫星安全交会，同时尽量减少对卫星原有任务影响。

碰撞预警事件处置方式

01 若发生碰撞的是空间碎片或已"死亡"卫星，由卫星所属单位根据具体情况主动实施轨道机动以消除碰撞风险。

02 若发生碰撞的是两颗卫星，则需要两颗卫星所有方综合多个条件，共同协商确定最优的碰撞规避方案。

根据欧空局太空碎片办公室主任霍尔格·克拉格的介绍，在欧空局通知 SpaceX 公司可能发生碰撞的情况后，SpaceX 公司通过电子邮件拒绝了欧空局的要求。即便在两颗卫星发生碰撞的风险升至千分之一后，这比需要避碰的机动阈值高出了 10 倍，并且"风神"卫星是先于"星链-44"卫星 9 个月占据了这片太空区域，但 SpaceX 公司依旧拒绝移动他们的卫星。鉴于碰撞概率已接近千分之一，欧空局出于保护自己高价值卫星的需要，不得不最后妥协主动避让，避免了一次太空灾难发生。

实际上，卫星之间的碰撞情况并不罕见，不过绝大部分情况都进行了合理的规避。但也发生了一起非常出名的卫星撞击事件，2009 年 2 月 10 日，美国"铱星 33"卫星与 2009 年已停止使用的俄罗斯"宇宙 -2251"卫星发生了碰撞，碰撞发生在西伯利亚上空 434 千米的轨道高度，事故给该区域造成了数千块碎片，导致该区域无法正常运行卫星。

四、案例启示

太空交通管理刻不容缓

1. 太空交通管理规则是和平利用太空资源的基础

自 1957 年第一颗人造卫星发射以来，人类已执行了 6 千余次发射任务，将 1 万余颗卫星送入了太空，这些卫星绝大部分仍在太空运行。根据当前发展趋势，未来五年，太空卫星数量将呈现指数级增长，仅 SpaceX 公司的星链计划，就将发射 4.2 万颗小卫星，其他航天大国和部分商业公司也在争先恐后地谋划发射巨星星座，届时太空将变得十分拥挤，若无一套科学合理的太空交通规则，碰撞事件将难以避免，届时太空将出现十分混乱的状态。

以往对于在轨航天器发生潜在碰撞事件，人们担心的是高价值的卫星受到一些小的太空碎片或者其他已报废卫星的影响，对于这种情况，只是需要单方面操作确保在轨航天器的安全即可。

但是现在，随着太空中服役卫星数量越来越多，两颗正常卫星发生相撞的概率增加，面对这一情况需要做出的协调和其中牵扯到的问题将复杂得多。两颗卫星所属控制机构的操作需要更加谨慎，才能避免酿出大错。必须在双方协商通畅的基础上，共同拿出一个合理的规避方案，使得在确保两颗卫星不会相撞的前提下，尽可能让卫星变轨的后续影响降到最低。

此外，这类事件出现频率也会增加，全部通过人为介入恐怕会令工作人员焦头烂额。所以制定出一系列可行的解决预案和规则以及相应配套的操作步骤，使得相撞时间能够提前预判，系统尽可能自动反应解决，减少人为操作，也是整个航天领域需尽快考虑的问题。

2. 商业航天发展需严格管理

当前，航天领域的竞争与合作愈发激烈，除了传统意义上以各国政府官方航空航天部门为主要参与者外，商业航天领域迅猛发展。其中私营公司虽然在20世纪60年代就可以建造和运营卫星，但是直到80年代才有能力发射卫星。近年来，国内外航天领域商业公司如雨后春笋般快速增长，年度发射数量翻了几倍。

商业航天的兴起，的确推动了航天技术的进步和民用化普及，降低了航天器的发射和建造成本，使得除了航天国家队外，有更多的公司和专业人员可以参与到航天探索和应用中来。许多公司甚至个人，只要支付足够的金钱，就可以发射属于自己的小卫星。但往往这些卫星的发射目的和应用价值考虑不够充分，卫星太空解体、卫星失控偏航、太空拥挤碰撞等事件都会给太空带来极大的安全隐患。面对愈加严峻的太空安全问题，需要对商业卫星发展进行更为严格的管理和评估。

附录　SpaceX 公司未来新增 3 万颗星链卫星发射计划

2019 年 10 月 7 日，美国联邦通信委员会向国际电联提交了文件，内容概述了 SpaceX 公司正在寻求批准在其星链宽带网络中增加更多卫星的计划，扩大星链网络的最新计划将涉及在 328~580 千米高度的多个轨道平面上放置 3 万颗卫星。此外，有 12000 颗航天器已经获得美国政府监管机构的授权。

"随着全球对快速、可靠的互联网的需求不断升级，特别是对那些没有互联网、上网过于昂贵或网络可靠性不高的区域，SpaceX 公司正在采取措施负责任地扩展星链的总网络容量和数据密度，以满足用户预期需求的增长"，SpaceX 公司发言人在一份声明中说。

官方表示，SpaceX 公司正在奠定基础，将星链星座的计划总网络容量和密度提高到早期计划的 10 倍，届时星链星座将与市场需求相称。

美国联邦通信委员会已经授权发射 12000 颗星链卫星，SpaceX 公司一直在调整星座部署方案。最初的星链卫星计划在 550 千米高度的轨道上飞行，轨道倾角 53°。2019 年 8 月，SpaceX 公司请求联邦通信委员会批准在 72 个不同的轨道上运行多达 1584 颗星链卫星，这与该委员会早些时候授权 SpaceX 公司在 24 个轨道平面上运行相同数量的航天器相比有所变化。未来 SpaceX 公司计划发射多达 42000 颗星链卫星，这将使太空物体数量增加近 3 倍。面对日益增长的卫星碰撞规避需求，美国和欧洲相关部门都认为单纯靠人工开展碰撞预警协调和手动控制在未来是不现实的。

案例三 欧洲"风神"卫星与星链卫星规避——"先到先得"还是为霸权让道？ | 049

在"风神"卫星和星链卫星遭遇事件之后，欧空局太空碎片办公室的工程师说："这让我们质疑电子邮件或深夜电话是否是最有效的协调机制，并且在有数千颗运行卫星的情况下是否是可取的。"SpaceX 公司特别项目主任也表示，自动化的方法才是解决此类碰撞预警事件的关键。SpaceX 公司已被批准的大约 12000 颗星链卫星轨道分布图如下图所示。

SpaceX 公司的 12000 颗星链卫星轨道分布图

双方都认为，未来的解决办法在于自动化技术的应用。欧空局组织研究人员利用历史数据进行分析，希望机器学习技术能够更好地识别哪些接近事件处理方法值得运用。与此同时，SpaceX

公司也在发展星链卫星自主规避机动的能力，自 2019 年 5 月以来，星链卫星已经进行了几十次这样的自动机动。但是仍然存在一个问题，在卫星运控方就保持协调交流，并且两颗卫星都可以操纵的情况下，究竟是哪一颗卫星应该移动。是先占据当前轨道的卫星？还是有更多速度增量储备的卫星？这些都应该是未来太空交通管理的关键问题。

参考文献

[1] 宋楠. "风神"卫星如何避开太空撞车 [EB/OL].(2019-09-15)[2022-12-27].https://news.cctv.com/2019/09/15/ARTIkrQ5DK6BRbCnKEYjc3HV190915.shtml.

[2] CLARK S.Documents suggest SpaceX may launch 30,000 more Starlink satellites[EB/OL].(2019-10-15)[2022-12-27].https://spaceflightnow.com/2019/10/15/documents-suggest-spacex-may-launch-30000-more-starlink-satellites/.

[3] FOUST J. How to better manage space traffic: Aeolus/Starlink encounter shows emails and late-night phone calls no longer cut it[EB/OL]. (2019-11-13) [2022-12-27]. https://spacenews.com/how-to-better-manage-space-traffic-aeolus-starlink-encounter-shows-emails-and-late-night-phone-calls-no-longer-cut-it.

第二篇 地基反卫星试验

自从有了人造卫星,就有了反卫星武器。卫星虽然飞得高、飞得快,但轨道通常相对固定,通过观测就能够掌握轨道高度、倾角、大小等关键数据,通过地基定向能、动能武器就可以对其进行干扰、毁伤。美国、俄罗斯、印度等国均掌握了这一技术,并成功开展了地基反卫星试验。太空态势感知是地基反卫星武器的"眼睛",地基雷达、望远镜时刻关注着卫星的一举一动,细微变化,只有看得清、看得准,才能瞄得上,打得了。

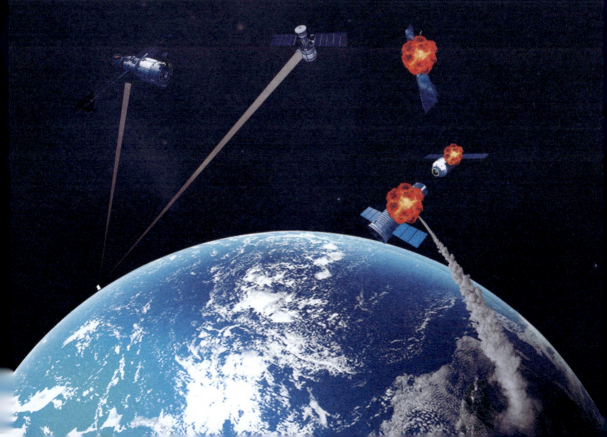

案例四 美国海基反卫星试验
——美国真是"人类守护者"？

美国可怕的不是编造谎言，而是让人们相信谎言。

一、案例概述

2008年初，美国以应对失控卫星撞向地球为借口，公开实施了一次海基反卫星试验，此次试验由美国海军和太空力量联合实施。2月21日11时26分，1枚拦截导弹从夏威夷西部海域升空，飞行约24分钟后，在距地面200多千米处击中了速度近3万千米/时的失控卫星，顺利完成了反卫星拦截试验。此次试验证明美国由海基反导发展而来的反卫星系统的技术已日趋成熟，同时实战检验了美国太空攻击武器全系统的作战应用能力，表明美国已具备攻击太空目标手段，可对广大太空领域的敌方目标实施硬摧毁，反映出美国控制太空、霸占太空的军事企图。

本案例对美国2008年实施的海基反卫星试验进行详细梳理分析，使学习人员了解该试验实施的背景、目的、过程和有关影响。通过对整个过程的深入剖析，从攻击方式、攻击窗口、拦截时间和拦截结果等角度对拦截卫星所采用的关键技术进行了分析，同时一探美国在实施太空行动时的舆论铺垫、力量协同、行动设计、影响控制等特点规律，进一步体会大国太空对抗博弈的激烈性，揭示美国控制太空、称霸太空、制衡太空的野心。

二、案例详情

(一)案例背景

美国编号为"USA-193"(NROL-21)的军事卫星于2006年发射升空,入轨不久就失去动力,且星载计算机无法正常工作,卫星彻底失去控制。美国国家安全委员会2008年1月宣称"一颗重达10吨、完全失控的美国绝密间谍卫星,将于2月底撞向地球"。这颗报废卫星的残骸穿过大气层后还将剩下4吨多的重量,未燃烧尽的残骸碎片将散落在方圆数百千米的地区。由于撞击地点很难预测,加上美方拒绝透露卫星所携有害物质的成分,此事引发国际社会的强烈关注,同时美国也在千方百计设法应对这颗失控的卫星。

2006年 美国编号为"USA-193"(NROL-21)的军事卫星发射升空,入轨不久就失去动力,且星载计算机无法正常工作,卫星彻底失去控制。

美国国家安全委员会宣称"一颗重达10吨、完全失控的美国绝密间谍卫星,将于2月底撞向地球"。 **2008年**

事件过程

(二)反卫星试验准备

美国政府2008年1月4日下达命令,秘密组织由官员和科学家组成精干队伍,研究用导弹击毁卫星的可行性和技术方案。在接下来的几周里,美军在"伊利湖号"、"德凯特号"和"拉塞尔号"3艘军舰上装载改进后的"宙斯盾"弹道导弹防御系统,并为 3 枚"标准 -3"（SM-3）型导弹安装新型制导系统。这种导弹安装有改进型的热导（红外）传感器，用以跟踪热信号小于弹道导弹的卫星。普通"标准 -3"型导弹价值 950 万美元，通过高速撞击目标达到摧毁目的。美方宣布此次任务的目标不仅仅是击中卫星本身（卫星展开的面积与一辆公共汽车相当），而是要精确击中卫星的燃料舱才算达成主要目标。

同时，美军还对 3 艘军舰上的士兵进行训练，以完成这次美军首次导弹打卫星使命。此外，美国政府成立了一个由 200 多人组成的高级研究小组，包括导弹防御专家、来自洛克希德·马丁公司和雷声公司的技术人员以及来自约翰斯·霍普金斯大学的科学家。据悉，为防范导弹拦截卫星任务失败，美国政府在全国部署了 6 支救援队。

（三）反卫星试验过程

北京时间 2008 年 2 月 21 日 11 点 26 分，曾经 10 余次参加导弹拦截试验的"伊利湖号"巡洋舰上在夏威夷西部海域发射改装的"标准 -3"型导弹，在飞行了 24 分钟后，距地面约 240 千米的高空击中了速度高达 2.72 万千米/时的"USA-193"卫星。美军宣布的拦截发射区域如下图所示。

这个任务由"宙斯盾"巡洋舰"伊利湖号"完成，它装备有全套海基导弹防御系统，2 艘驱逐舰"德凯特号"和"拉塞尔号"配合执行任务。"德凯特号"为"伊利湖号"提供卫星的轨迹，"拉塞尔号"为"德凯特号"提供支援。防务官员称，这些舰只的雷达和软件已进行了改进，以跟踪比弹道导弹速度更快的目标。一系列地基雷达、望远镜、海基雷达帮助判定导弹是否使卫星解体。空军也派飞机升空，以判断卫星的有毒燃料是否被释放。承担拦截任务的导弹当天并没有携带爆炸性弹头，而是采取

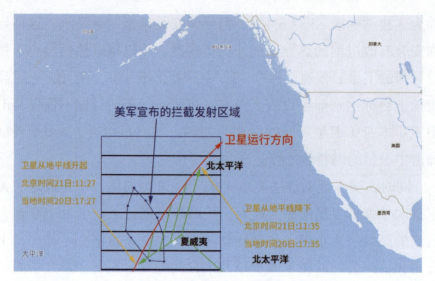

美军宣布的拦截发射区域图

"迎头撞击"方式准确摧毁目标。五角大楼表示,尽管最近几天气象条件很差,但美军仍在风大浪急的情况下,抓住了稍纵即逝的战机,发射导弹摧毁了"USA-193"卫星。卫星破碎后产生的残骸正在纷纷坠入大气层烧毁。美国击落卫星示意图如下图所示。

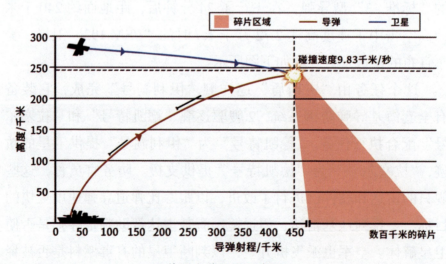

美国击落卫星示意图

美军参谋长联席会议副主席卡德·怀特将军称,美国设在各处的雷达设施正在密切监视卫星被摧毁后产生的各种残骸及其运行轨迹。由于这些残骸体积很小(最大不过与橄榄球体积相当),因此不会对地球上的人类造成任何伤害。

事实上,本次拦截任务的实际目的并不是所宣传的必须击中燃料箱。美国根据拦截视频认定导弹击中卫星后,就判定了达到预定目的,并决定不再启用备份的另外 2 枚已改进的拦截弹。拦截弹命中目标卫星示意图如下图所示。

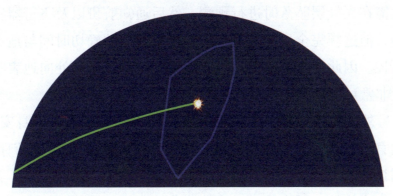

拦截弹命中目标卫星(拦截区内)

三、案例分析

(一)美国舆论宣传铺垫

在正式实施反卫星行动前,美国就进行了充分的、全面的舆论宣传,以让世界各国认为其反卫星行动是合法的,是正义之举,是为了维护世界人民的生命和财产安全。

1. 失控卫星上有危险物质危害人类和环境安全

1 月 26 日,多位美国官员透露,一颗"完全失控"的美国间谍卫星将于 2 月底或 3 月初撞向地球。美国国家安全委员会发言人戈登·约翰德罗稍后证实："间谍卫星重约 10 吨，因无动力和通信信号而完全失控，不清楚它会撞向地球何方。美国的相关机构正在密切注视着事态的发展，分析这颗卫星可能造成的危害。"

对于这颗完全失控的卫星可能造成的危害，相关专家进行了多角度分析。首先，失控卫星或其残骸在坠落过程中可能撞毁飞行器。美国国家安全委员会承认，虽然能对多数卫星和它们的运载火箭在大气层坠落时进行预测，然后通知航班以及飞行器实行规避，但这颗完全失控的卫星，坠入大气层的确切时间与地点均不可控。因此，当其突然从距离地球约 160 千米高处向地表坠落时，非常可能危及飞机及其他飞行器安全。

另外，失控卫星上所携的有害物质可能危害居民人身安全。美国官员承认，失控间谍卫星上携有"有害物质"，但他们拒绝透露该物质的成分，因为这些物质仍是"美国国家机密"。美国安全专家约翰·派克认为，这种成分极可能是铍。铍是一种广泛应用于国防和航天工业的高熔点轻金属，一旦人吸入这种金属微粒，就会患上无药可治的慢性呼吸道疾病。一位不愿透露姓名的美国政府官员则表示，有害成分很可能是卫星上的燃料肼。肼是一种无色液体，剧毒，任何没有保护装置的人接触它都会中毒。这同样有可怕的先例：1978 年 1 月，苏联的一颗间谍卫星坠入大气层后，化为一团火球掠过加拿大西部上空，带有放射性危害的碎片散落在加拿大阿尔伯塔省、萨斯喀彻温省和西北领地省。事件发生后，加拿大除了向苏联表示抗议外，更对美国政府掌握情况却没有提前告知的"不够朋友"的做法表示强烈不满。这起事件后来被航天学界视为"人类最危险的卫星灾难"。

美国专家分析失控卫星的危害

— 失控卫星或其残骸在坠落过程中可能撞毁飞行器 —

— 失控卫星上所携的有害物质可能危害居民人身安全 —

2. 如若撞入人口密集区将造成重大人员伤亡

失控卫星最大也最可怕的灾难是直接撞入人口密集的城区。尽管失控卫星坠入人口密集区的机会微乎其微，但没有人敢排除这种可能性。事实上，人类曾数度面临失控卫星撞击的惊险瞬间：1979年，重达78吨的美国航空航天局"天空实验室"失控后坠入大气层，当时就有科学家担心它会砸在人口密集的澳大利亚城市地区。幸运的是，"天空实验室"最终掠过印度洋，坠在人口稀少的澳大利亚西部地区，没有造成市民的生命和财产损失；2000年，美国航空航天局重达17吨的"伽马射线观测"卫星失控后预计坠入墨西哥人口密集区，但最终落入了太平洋；2002年1月31日，美国航空航天局透露，一颗重约3.2吨的卫星坠入地球，部分金属碎片预计散落于从美国奥兰多至澳大利亚布里斯班之间的地带，人口密集城市如香港、墨西哥城、曼谷及迈阿密也在范围之内。幸运的是，这颗卫星的残骸已最终坠入埃及无人沙漠区内。

尽管屡屡上演"惊险一撞"，但美国航空航天局的专家和国际航天学家均承认，按概率来说，失控卫星无法排除撞击人口密集城区的可能性，一旦发生这种情况而未能及时发出预告，就可能造成灾难性的后果。因为有一定质量的物体从约160千米的高空迅速坠落，其所产生的能量和破坏性如同核武器！

失控卫星可能造成人员伤亡

- 1979年，美国航空航天局重达78吨的"天空实验室"失控，可能坠入澳大利亚城市地区。最终坠落在人口稀少的澳大利亚西部地区。
- 2000年，美国航空航天局重达17吨的"伽马射线观测"卫星失控，预计坠入墨西哥人口密集区。最终落入太平洋。
- 2002年，美国航空航天局透露，一颗重约3.2吨的卫星坠入地球，部分碎片预计散落于"美国奥兰多-澳大利亚布里斯班"人口密集地带。卫星残骸最终坠入埃及无人沙漠区内。

3. 导弹或激光打击失效卫星均为备选手段

为淡化反卫星行动，转移国际舆论视线，美国给出了两个可能选项，同时拒绝就应对措施发表任何评论。只是对外宣布，如果确定失控的卫星有可能撞入人口密集地区，或者卫星坠落到"潜在对手"国家境内，那么美国军方会采取"非常措施"，也就是用导弹或激光打下卫星。美国国家安全委员会发言人虽拒绝就导弹打卫星发表任何评论，但五角大楼的决策者们已经在秘密商议这项措施。其实，对美国来说，导弹打卫星并非新鲜事，美国早在20世纪70年代就开始研究和实施了这项技术。

（二）美国反卫星行动真实目的

从国际惯例看，常用处置失控太空飞行器的方法有三种：一是听任坠落或让其成为太空垃圾；二是通过地面指令确保卫星坠落预定地点；三是利用航天飞机修复或收回。最普遍和经济的是第一种。

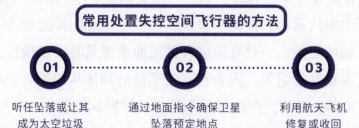

此次坠落的卫星重约 10 吨，相当于一辆公共汽车，和有些失控航天器相比，它并不算大。1979 年，美国重 78 吨的"天空实验室"失控后坠入大气层，砸在人烟稀少的澳大利亚西部地区。2000 年，美国重达 17 吨的"伽马射线观测"卫星失控后坠落太平洋。2001 年 3 月，在外太空 15 年、百位宇航员工作过的俄罗斯"和平号"空间站坠入太平洋，其上光载有的仪器就达到 14 吨。截至目前，坠落航天器对地球造成伤害的记录并没有太多。美国此次兴师动众，耗资 4000 ~ 6000 万美元，几乎动用了导弹防御计划的所有单位和军火公司，说明其用意不仅仅是要打掉这颗 10 吨重的失控卫星，而是另有其他企图。

其实，早在 1997 年，美国已经试验成功激光攻击卫星系统。由波音 747 飞机改装的机载激光武器系统具有向太空仰射和对地面或大气层目标的俯射、平射实战能力，但美国为什么不使用陆地或机载激光武器系统击落在轨卫星，而偏偏使用略微落后的导弹防御系统打卫星呢？应该说，美国现有导弹防御能力远没有达到百分之百拦截的水平。

按照美国布什政府公布的导弹防御计划，美军将建成多层次、多军种的全球导弹防御系统。在陆上，美国已经在阿拉斯加等地部署了陆基导弹和雷达系统；在海上，美国已经把原来舰队防空作战的"宙斯盾"弹道导弹防御系统加以改进，让其承担近程弹道导弹的防御作战任务。从层次上看，有低空导弹防御系统，主要依靠"爱国者-3"（PAC-3）导弹系统，中高空则由海基"标准-3"（SM-3）导弹系统等负责。

从导弹防御计划进展看，20 世纪 90 年代末以来，布什政府明显加大全球范围内推销导弹防御计划的力度。国际上，日本已加入其中，澳大利亚和印度等国均对导弹防御计划感兴趣；加拿大一直是美国导弹防御的伙伴；英国等北约国家也支持美国；美国同时还在捷克和波兰部署导弹防御系统。

在美国国内，美国分陆上和海上多层次，进行了数十次导弹防御试验。从2002年开始，美国海上导弹防御系统连续取得进展，成为美国导弹防御计划的重要组成部分。2008年美国在太平洋海域安排了3次海上飞行试验，其中1次是与日本联手行动，主要是检验海军导弹防御战舰的技术能力，包括"标准-3"型导弹本身、SPY-1相控阵雷达系统以及诸作战单位指挥控制能力等。

因此，从卫星坠落的时间段来看，正好与美国加快导弹防御计划的试验与部署时间相吻合。

同时，2008年2月12日，在联合国裁军谈判会议上，中国和俄罗斯提交了联合起草的禁止部署太空武器的议案——"防止在外太空放置武器、对外太空物体使用或威胁使用武力条约"议案，该议案要求通过谈判达成一项新的国际法律文书，防止外太空武器化和外太空军备竞赛，维护外太空的和平与安宁。但该议案刚刚提交，便立刻遭到美国方面的拒绝。白宫发言人当天发表声明称，布什政府反对任何寻求"禁止或限制开发太空"的条约。在中国和俄罗斯提交议案两天后，美国宣布进行海基拦截卫星任务，是美国进一步显示其反对"太空非武器化"的有力行动。美国选择这个时机进行卫星拦截任务，也是对中国和俄罗斯提出议案的另一种否决方式，反映了美方控制太空的态度和决心。

（三）世界舆论反应

1. 俄罗斯

俄罗斯

俄罗斯认为美国名义上击毁卫星是抱着一种负责任的态度，防止本国失控卫星对地面造成不可预知的危险，实则为测试反卫星系统找到一个合适的机会。

俄罗斯国防部 2008 年 2 月 16 日发表声明说，美国击毁故障间谍卫星的计划可能只是个借口，真实目的是测试美国新型太空武器。更进一步称美国此次计划是测试其"反导弹防御系统击落别国卫星的能力"。俄塔社发布的一份声明说："对于卫星潜在危险的推测背后，隐藏着典型反卫星武器的测试准备，这样的测试基本意味着一种新型战略性武器已经诞生"。声明续称："摧毁美国卫星的决定并非像他们声称的一样毫无害处，尤其是当美国正在逃避限制外太空军备竞赛谈判时"。俄罗斯国防部称，世界不同国家的航天器也曾撞击地球，许多国家都在这些航天器上使用剧毒燃料，但从来没有人采取过这样的"非常手段"。

2. 中国

> **中国**
>
> 外交部发言人要求华盛顿不要给宇宙安全和其他国家安全造成伤害，表示击落卫星并不违背目前的联合国太空协议，同时再次要求联合国禁止在太空部署军力。

外交部发言人表示，尽管击落卫星并不违背目前的联合国太空协议，考虑到其隐含的军事目的，中俄双方再次要求联合国禁止在太空部署军力。中国媒体则评论，用导弹防御系统打击坠落的失控卫星计划，与其说是美国"负责任"的表现，不如说是其为测试反卫星武器找到难得的练兵机会。

3. 英国

> **英国**
>
> 英国有关报道认为美国具备了快速攻击空间卫星的能力，但认为这次军事行动并不违背国际条约。

英国《卫报》报道称，美国这次的导弹发射拦截卫星如此精准，再次证实了美国具有快速攻击太空卫星的能力。该报同时援引唐宁街 2008 年 2 月 10 号英国首相府当天发表的声明说，英国政府对这次的军事行动表示关注，虽然英国政府不认为这次的军事行动有违国际公约，但认为美国方面在行动前后仍然缺乏与国际社会足够的沟通。

4. 法国

> **法国**
> 法国媒体认为这次行动向全世界展示了美国可以操纵"星球大战"的能力。法国《世界报》报道称，法国表示将采取一切行动保障其空间物体的安全性和完整性。

法国《世界报》同时发表评论说，这次卫星拦截行动成功，华盛顿向全世界显示了其可以操纵"星球大战"的能力。虽然布什政府一再否认这一意图，称这样做的目的仅仅只是防止卫星坠落造成人员伤亡，并一再强调，从技术上来说卫星的残骸将在 24 小时内燃烧干净。但该行动遭到了一些国家和专家怀疑。评论称，摧毁卫星的行动耗资 6000 万美元，造成了一些问题，尤其是在太空环境方面的问题。

5. 加拿大和日本

> **加拿大和日本**
> 加拿大和日本对美国的此次行动反应相对比较冷漠，认为此次行动和他们关系不大，他们的态度与去年指责中国的试验相比截然不同。

加拿大 CTV 电视台援引加拿大皇家骑警方面的话称，此次发射前美方事先通报了加方。美方还承诺，如果卫星碎片落在加境内并造成危害，美方将承担责任并配合加方的处理工作。

日本政府的态度显得很超然。据法新社报道，日本政府发言人称，日本对此次美国拦截卫星并不关心，对于诸如卫星碎片问题"完全不是问题"。不过，法新社在报道中注意到，作为美国主要盟友，日本的反应与它去年指责中国试验反卫星武器严重违反国际法的表态截然不同。

6. 德国

> **德国**
>
> 德国利用媒体误导了民众，不但美化美国的此次行动，还借此诬蔑中国和俄罗斯。《德国日报》2 月 19 日文章，原题为"美国计划拦截卫星，奚落中国和俄罗斯"。

德国不但美化美国的此次行动，还借此诬蔑中国和俄罗斯。《德国日报》2 月 19 日文章，原题为"美国计划拦截卫星，奚落中国和俄罗斯"，文章强调，这个卫星对人类构成了威胁，但中国和俄罗斯拒绝拦截。

总的来说，美国的这次太空试验使各个国家感到未来的太空安全形势越来越严峻，这势必会引发新一轮的太空军备竞赛，使原本安宁的太空变成各国角逐的战场，这将是一个可悲的结果。

四、案例启示

每一次太空行动都有目的

1. 充分的舆论准备有助于降低太空行动引发的负面影响

美军历来十分重视舆论法理的斗争准备。在实施此次反卫星行动前，美军就启动了舆论渲染，在 2008 年初即由国家安全委员会首先放出"失效卫星可能撞向地球"的消息，为后续其他行动做好了铺垫；之后又进行了一系列的舆论造势组合拳，极力鼓吹这颗失效卫星"携带有害物质""威胁环境安全""失控撞击地球"等多项危害，为其反卫星行动披上了正义的外衣，树立了其负责任大国的正面形象；同时为转移舆论视线、淡化军事行动意味，又抛出烟幕弹"若确定失控卫星可能撞入人口密集地区，或坠落敌对国境内，美国将采取非常措施"。美国通过这样一系列的舆论宣传与造势，既有利于开展反卫星武器实战能力试验，牢固树立太空优势地位，又能够有效引导世界各国舆论导向，降低此次太空行动引发的负面舆论影响。

2. 科学合理的行动设计有效降低了太空环境影响

此次反卫星试验，拦截导弹是在距离地面 240 千米的高空击中了失控卫星，这个高度是经过精心设计的。首先在此轨道高度运行的航天器数量较少，在此高度击中卫星后产生的太空碎片基本不会对其他国家航天器运行安全造成严重影响；其次在距离地面 240 千米处的大气密度大，会导致太空碎片轨道高度迅速衰减，可在数月至数年时间内坠入大气层焚毁，可迅速消除反卫星试验对太空环境的影响。由此可以看出，美国在进行此次反卫星行动设计时，不仅仅只考虑了如何确保行动的成功，同时也充分考虑了行动实施后对太空环境的影响，为其树立负责任大国形象增加了筹码，也减少了敌对国家攻击的把柄。

3. 通过适时"亮剑"展示强大实力、形成威慑作用

此次反卫星试验中，3 发"标准-3"型拦截导弹不是齐射目标，而是根据前 1 发的拦截情况进行再次打击，这充分说明并展示了美国强大的太空态势感知和协同攻击能力。在以往试验中，

案例四　美国海基反卫星试验——美国真是"人类守护者"？

美国多次在靶弹上装配导引装置，引导拦截弹来击打目标，成功率较高，而此次打击目标是完全失控的卫星，卫星本身不但缺乏足够吸引拦截导弹的热源，而且其轨迹、运动速度及导弹射程等要素比平时试验更为困难和复杂。美国此次实施的海基反卫星行动，不折不扣地是一次反卫星武器实战演练，充分展示了美军在太空领域的作战能力，对美军控制太空、封锁太空、保卫本国太空利益等方面具有重大意义。

同时，根据美国公开数据，"标准-3"型导弹最大拦截高度为 500 千米，最大射程为 1200 千米。但此次任务的拦截高度仅为 247 千米，距离武器设计指标和公开性能参数还有较大空间。这次美军既检验了现役武器的能力，也进一步推动了对其他盟国的武器销售活动。

附录一　美国海军"标准-3"型（SM-3）导弹介绍

"标准"系列舰空导弹是美国海军中远程全天候舰队中/远防空导弹，不但可以打击中高空飞机、反舰导弹及巡航导弹，必要时还可以攻击水面舰艇。经过半个多世纪不间断的改进和发展，"标准"系列航空导弹已经发展成拥有数十种型号的庞大家族。不但成为美国海军的制式装备，而且还装备在其他十几个国家和地区的 100 多艘舰艇上，是以美国为首的北约国家海军的主力区域防空导弹。

"标准"系列舰空导弹

"标准-3"型（SM-3）导弹是美国海基战区弹道导弹防御系统（TMD）的重要组成部分，可用来拦截中、远程弹道导弹。该型沿用 SM-2 Block Ⅳ型的弹体和发动机；改装了第 3 级发动机并加装了全球定位/惯性导航系统；拦截方式则采用波音公司研制的"动能拦截弹头"（LEAP）直接撞击目标。SM-3 导弹（包括动能战斗部）的研制和集成工作由雷声公司负责，该公司领导的研制小组包括波音公司、航空喷气系统公司和阿连特技术公司。SM-3 导弹的动能战斗部在图森的最新式拦截器生产工厂进行生

案例四 美国海基反卫星试验——美国真是"人类守护者"？

产和测试。此外，加利福尼亚州的阿纳海姆市和马里兰州的埃尔克顿市也可以进行 SM-3 导弹的研制和生产。

2020 年 11 月 16 日，在夏威夷东北部进行的一次导弹防御系统拦截试验中，一艘美国海军舰船发射的拦截导弹成功拦截了一枚从马绍尔群岛发射的洲际弹道导弹靶弹。这是美国海军首次利用 SM-3 Block IIA 导弹成功拦截洲际弹道导弹等级的威胁。

附录二 "USA-193"卫星简介

"USA-193"卫星是 2006 年 12 月 14 日从范登堡空军基地发射的 NROL-21 卫星,重约 2270 千克,是由波音公司和洛克希德·马丁公司组成的联合发射联盟发射的首颗卫星,这两家公司和美国国家侦察局(NRO)都未透露该卫星任务的细节。该卫星计划运行在地球上空 350 千米的低轨,在发射进入轨道几小时后,卫星即与地面失去联系,至今未进行任何变轨机动。

美国一直拒绝透露这颗间谍卫星的性质与名字。但根据相关专家推测和报道,该卫星具有铍镜、高机动能力、高分辨率等特征,因此这颗卫星极有可能是堪称一代间谍卫星的代表的"KH-11"卫星,或者是先进成像体系 FIA 系列中的侦察卫星。

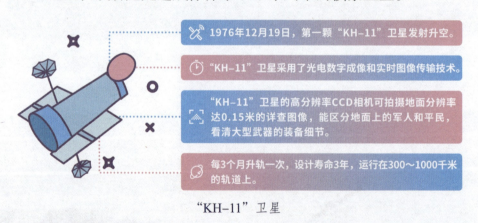

"KH-11"卫星

1976 年 12 月 19 日,第一颗"KH-11"卫星发射升空,使美国首次获得了实时侦察能力,拉开了美国应用图像传输型照相侦察卫星的序幕。这种卫星一共发射了 9 颗,其中 8 颗成功。

"KH-11"卫星的先进之处是采用了光电数字成像和实时图像

传输技术。其主要遥感器是高分辨率 CCD 可见光相机、红外扫描仪、多谱段扫描仪和功能强大的反射望远镜系统。

望远镜系统以巨大的放大率将地物的辐射能量引入视场，然后再送至每个遥感器进行光谱分离，形成的图像经放大、数字化后，传送到中继卫星或其他卫星再转发至贝尔沃堡地面站。

"KH-11"卫星的高分辨率电荷耦合器件（CCD）相机可拍摄地面分辨率达 0.15 米的图像，能区分地面上的军人和平民，看清大型武器的装备细节。而红外和多谱段扫描仪则可以不分昼夜地确定导弹、车队和发射架的位置，并能把伪装和人工植被同真实植物和树木区分开来。该星的侧视能力允许其拍摄其地面轨迹两侧一定范围内的目标，使它每天有效飞过目标的次数增加到 4 次。其轨道机动能力不仅能改变卫星轨道高度，还可以改变轨道平面，从而调整到重要目标附近进行拍照。它每 3 个月升轨一次，设计寿命 3 年，运行在 300～1000 千米的轨道上。

"KH-11"卫星既能详查，也能普查，普查时的分辨率为 1～3 米。一般是由 2 颗"KH-11"卫星协同工作，彼此的轨道面相隔 48.7°，其中一颗在上午 10 点左右对目标拍照，另一颗随后在下午 3 点左右拍照。这样每颗卫星每 4 天重复一次其地面轨迹。

该星刚开始是保密的，但 1978 年一名美国中情局雇员在希腊把一份"KH-11"卫星系统手册卖给了一名克格勃间谍，从而使 KH-11 代号首次公布于世。1980 年，一颗"KH-11"卫星发现苏联正在制造一艘比美国的"三叉戟"导弹核潜艇还要大的潜艇；同时"KH-11"卫星还观察到苏联正在某地将 SS-20 和 SS-16 两种导弹并排摆放在一起，由此得出结论，苏联想利用美国侦察卫星送回的照片来故意模糊这两种导弹的外观相似性。此外，在海湾战争中，"KH-11"卫星也大显神通。

正因为有如此显赫的身世，美国军方非常担心，一旦卫星残骸落入"潜在对手"国家境内，那么卫星上的"绝密"（材料、防护手段等）就可能落入他人手中，这是美国军方和政府不愿意看到的结果。

附录三　美国直升式反卫星试验发展概述

虽然美国没有已经装备的直接上升反卫星（DA-ASAT）系统，但它已列装的中段导弹防御拦截系统，可以扮演反卫星系统的角色，可以用来打击低轨卫星。美国过去曾经专门开发过直接上升反卫星系统，包括常规型号和核型号。

冷战时期，最初的反卫星能力出现在反弹道导弹（ABM）武器最后的测试项目。由于中段导弹防御系统的目的是摧毁在外太空与卫星速度和高度相当的飞行核弹头，因此这种中段反弹道导弹系统具有反卫星能力。在20世纪50年代末和60年代初，美国试验了许多空射弹道导弹（ALBM），ALBM最后的测试项目就是验证用弹道导弹摧毁卫星的可行性。这些测试直接推动了美国直接上升反卫星系统的发展，并计划在已有耐克宙斯反弹道导弹基础上进行。

耐克宙斯反卫星计划就是在耐克宙斯系统反弹道导弹测试的基础上发展起来的，后来被称为505计划。

与505计划类似，437计划用一种射程更长的雷神导弹取代了耐克宙斯导弹。437计划可以瞄准高度高达1300千米的轨道卫星，它使用的是140万吨W49核弹头，可能的杀伤半径为8千米。在其历史上对火箭体和其他太空碎片进行了大约10次测试，以确保导弹能够在杀伤半径内通过，而不破坏物体和产生不必要的碎片。该系统一直运作到20世纪70年代初，并于1975年正式终止。

1962年 美国国防部长罗伯特·麦克纳马拉在耐克宙斯计划（即505计划）的基础上创建了Mudflap计划，以对抗苏联的轨道轰炸系统（FOBS）。

1963年5月 改进型宙斯B导弹成功拦截一个在轨的阿金纳-D火箭末级，标志着该项目取得了关键性的成功。

1966年 测试持续到1966年，最终让位给437计划。

从505计划到437计划

此外，美国还发展了空射型反卫星武器系统。ASM-135导弹是一种空射导弹，设计为在改进型F-15A飞机上发射超声速导弹拦截低轨卫星。这个项目是1976年由卡特政府授权的。ASM-135导弹的五次飞行测试都发生在20世纪80年代中期。ASM-135导弹估计打击范围为648千米内，飞行高度上限563千米，飞行速度超过24000千米/小时。导弹由红外寻的导引头制导系统和三级火箭构成，三级火箭包括两种类型的固体推进剂火箭发动机和一个拦截器，配备有63个小火箭发动机，可以进行精细的轨迹调整和姿态控制。美国空军原计划部署112枚ASM-135导弹和20架改进型F-15A飞机。然而，最终只生产了15枚ASM-135导弹，其中5枚用于飞行测试，只有少数几架F-15A飞机身经过修改以支持ASM-135导弹的使用。1988年，由于预算、技术和政治方面的综合考虑，里根政府搁置了该项目，但其专业知识和技术基础依然保留。

ASM-135空射导弹项目1976年由卡特政府授权，设计为在改进型F-15A飞机上发射拦截低轨卫星。

导弹三级由两种固体推进剂火箭发动机和一个拦截器构成，配备红外寻的导引头制导系统，估计操作范围648千米，飞行上限563千米，速度超过24000千米/小时。

原计划部署112枚，但最终只生产了15枚，其中5枚用于飞行测试（20世纪80年代中期）。项目于1988年搁置，但仍具备专业知识和技术能力。

ASM-135 空射导弹

在过去的几年里，美国还没有公开承认任何直接上升反卫星系统，但是美国目前现有2型中段导弹防御系统，均具有潜在的直接上升反卫星能力。这2型武器分别是陆基拦截器（GBl），是陆基中段弹道导弹防御系统（GMD）的一部分；以及舰基标准导弹3（SM-3）拦截器，是"宙斯盾"弹道导弹防御系统的一部分。这两种导弹中，标准导弹3已经被证明可在直接上升反卫星中发挥作用，这也就是本案例中的内容。美军舰基标准导弹3和陆基拦截器代表了美军潜在而灵活的直接上升反卫星能力，可以在未来的冲突中用于对抗低轨道的敌方军事卫星。

参考文献

[1] 高轶军. 美军称导弹直接命中失控卫星燃料箱 [EB/OL].(2008-02-22)[2022-12-27]. https://m.taihainet.com/news/txnews/gjnews/sh/2008-02-22/221711.html.

[2] 邱永峥. 美可能用导弹或激光击毁失控间谍卫星避免泄密 [EB/OL].(2008-01-30) [2022-12-27].https://www.chinacourt.org/article/detail/2008/01/id/286336.shtml.

[3] 李云, 陈萱. 美国击毁失控坠落间谍卫星事件综述 [J]. 中国航天, 2008,(04):34-37.

[4] 中国新闻网. 美可能本周三后实施发射导弹击毁"毒卫星"计划 [EB/OL].(2008-02-18)[2022-12-27].https://www.chinanews.com/gj/ywdd/news/2008/02-18/1165073.shtml.

[5] 远林. 美国: 导弹打卫星为哪般 [J]. 中国新闻周刊, 2008(6):1.

[6] 邱永峥. 美可能用导弹或激光击毁失控间谍卫星避免泄密 [EB/OL].(2008-01-30) [2022-12-27].https://www.chinanews.com.cn/gj/ywdd/news/2008/01-30/1151208.shtml.

[7] 李大光. 美"导弹打卫星"一箭三雕 一直在发展反卫星技术 [EB/OL].(2008-02-28) [2022-12-27].https://www.chinanews.com.cn/gj/qqjs/news/2008/02-28/1177008.shtml.

[8] 康毅. 太空核查制度的建立与太空非军事化 [D]. 北京: 对外经济贸易大学,2008. DOI:10.7666/d.d111449.

[9] 张晓涛. 俄国防部: 美国击毁卫星实为测试新型战略武器 [EB/OL].(2008-02-18) [2022-12-27].https://www.chinanews.com/gj/qqjs/news/2008/02-18/1165088.shtml.

[10] 新浪军事. 资料: 美国海军标准系列舰载防空导弹 [EB/OL].(2008-02-20)[2022-12-27].https://mil.news.sina.com.cn/2008-02-20/1158486289.html.

[11] 闻新, 陈勃红. 国外军事侦察卫星的发展状况 [J]. 现代防御技术, 2001(04):5-8,16.

[12] 庞之浩, 刘丽伟. 美国的照相侦察卫星 [J]. 中国航天, 2000(09):31-37.

案例五　印度"沙克蒂"反卫星试验
——印度进入太空精英俱乐部

印度总理莫迪在 2019 年 3 月 27 日的电视讲话中宣布:"现在印度是第四个拥有这种能力的国家,跻身太空强国行列,印度此刻感到骄傲。"

一、案例概述

2019 年 3 月 27 日,印度宣布进行了代号"沙克蒂"的反卫星试验,成功拦截一枚低轨卫星,成为第四个完成这一试验的国家。印度首次开展地基反卫星试验并获得成功,标志着印度已进入能够击落太空卫星的精英俱乐部。

从此次印度反卫星试验的经过入手研究本案例,了解试验始末,通过分析印度反卫星试验成功的意义及其太空野心,引导读者深入思考未来太空活动对国家政治、战略的影响。

二、案例详情

世界时 2019 年 3 月 27 日 5 时 12 分,在印度洋东海岸附近,1 枚从卡拉姆岛发射的拦截弹,成功击中印度一颗低轨卫星。随即,印度总理莫迪宣布,印度完成了反卫星武器试验,成功击落了 1 颗高度 300 千米的低轨卫星,标志着印度成为第四个掌握反卫星技术的国家。莫迪表示,印度反卫星导弹将为印度太空计划提供新力量,此次试验表明,印度已经具备远距离反卫星精确打击能力。印度国防研究与发展组织（DRDO）将此次任务称为"沙克蒂使命"。"沙克蒂"在印地语中是"权利"之意，似乎暗示着印度在夺取太空权方面的野心。

印度"沙克蒂使命"反卫星试验

据报道，印度此次反卫星试验导弹型号为 XSV-1，采用两级固体火箭发动机，直径 1.4 米，第一级长 5.5 米，第二级长 1.4 米，加上战斗部总长 13.2 米，总质量约 18.5 吨。战斗部采用 PDV-2 反导拦截弹的动能杀伤拦截器，具有姿态控制和轨道控制系统。导弹升空后第一级燃烧 75 秒，在 45 千米高度一二级分离；二级继续燃烧 30 秒，在 110 千米高度分离；随后战斗部继续飞行 63 秒，在北纬 11.68°、东经 87.65°、高度 283.5 千米的位置区域，以 10 千米/秒的相对速度击中靶星。反卫星试验示意图如下图所示。

此次试验后印度外交部马上对外界宣称，因为试验产生的碎片能够迅速进入大气烧毁，对其他航天器没有威胁。美国航空航天局（NASA）很快出来"辟谣"说，NASA 已经发现了 400 个卫星碎片，其中有 60 片直径大于 10 厘米，24 片轨道出现上升情

案例五　印度"沙克蒂"反卫星试验——印度进入太空精英俱乐部

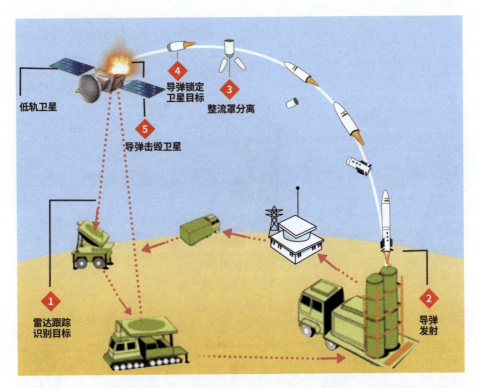

反卫星试验示意图

况，这将严重威胁国际空间站安全，使国际空间站遭受小块碎片撞击的风险在 10 天内上升了 44%。

据分析此次试验没有像美国 2008 年海基反卫星试验那样从上向下拦截，尽量降低碎片轨道高度，进而很快进入大气层烧毁，而是从下向上打击，打击后产生的碎片向上飞散，因此会对航天器造成较大威胁。美国一家公司保守评估，印度此次反卫试验可能产生了约 6500 块比橡皮擦大的太空垃圾，而且有些碎片的轨道高度还在上升。这些碎片带来的影响仍需要长期关注。如下图所示，红色区域为此次拦截试验的碎片溅落区域。

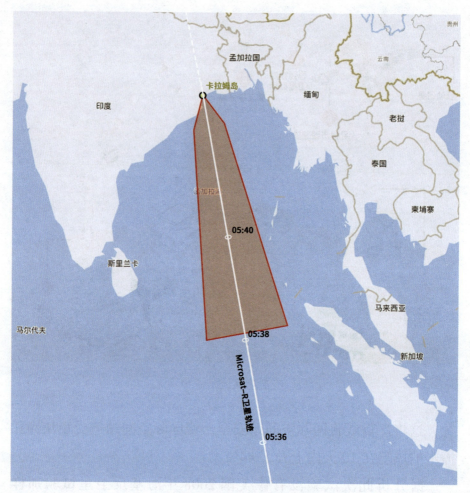

拦截试验的碎片溅落区域

三、案例分析

（一）蓄谋已久的反卫星试验

印度对反卫星技术觊觎已久。早在 2007 年下半年，就有媒体披露，印度已经开展反卫星武器设计和发展。2010 年 1 月，印度 DRDO 主任萨拉斯瓦特曾透露，印度已经在开发使敌人卫星失效的技术，如果将"烈火"3 和弹道导弹防御（BMD）杀伤器集成于一体，研制反卫星导弹，导弹有效射程约为 1500 千米，足以能打击太空中的卫星。同年 10 月，印度空军上将、参谋长委员会主席奈克表示，邻居的反卫星武器让我们的卫星变得十分脆弱，我们需要发展摧毁敌方卫星的能力。2011 年，印度进行了系列导弹拦截试验，实现了在 16 千米高空对一枚"敌方"导弹的拦截。2012 年，印度发射了"烈火"5 导弹，标志着印度具备了反卫星试验的基本能力。2013 年 9 月，印度出台《技术远景和能力路线图》，规划了未来 15 年军事技术发展路线，根据这一路线图，小型化卫星和反卫星武器将成为印度太空军事力量发展的方向，其规划的主要领域包括发展能够"对近地和同步轨道卫星进行电子和物理破坏的"反卫星能力。至此，印度反卫星武器开始独立于反导计划而单独发展，直至 2016 年 9 月，印度反卫星弹道项目"XSV-1"立项。

在本次"沙克蒂使命"反卫星任务成功之前的 2019 年 2 月 12 日，印度就曾发射一枚导弹，瞄准 MicroSat-R 卫星，但导弹在发射约 30 秒后故障。也就是说，印度是在第二次试验中取得了成功。

（二）侦察卫星还是靶星？

以往世界航天大国在进行动能反卫星试验时，往往选择即将退役的报废卫星作为靶星。而印度此次选择的打击目标并非超期服役的报废卫星，而是一颗发射仅两个月的侦察卫星，此举让各界猜测纷纷。

本次试验中被击中的"靶子"——Microsat-R 卫星，是 2019 年 1 月 24 日才发射成功，重达 740 千克的光学侦察卫星。在卫星发

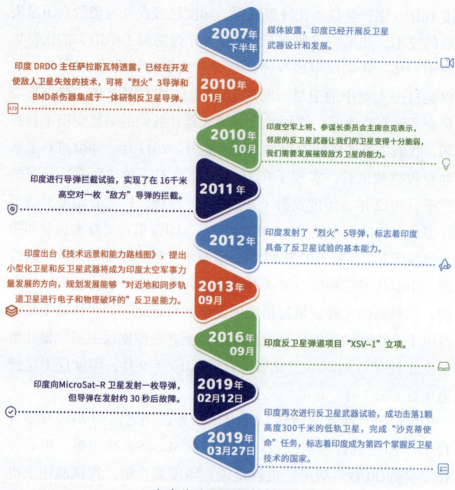

印度的反卫星试验时间线

射成功时，印度媒体大肆报道，认为这是一次巨大的成就。然而不到两个月，印度就将该卫星击毁。有分析认为，军方在这个时间进行反卫星试验，是莫迪为了争取连任特意做的安排。

2019年2月14日，印控克什米尔地区发生一起针对印度军方车队的袭击事件，该事件被称为是1989年以来印度武装力量在该地区受到的最致命的袭击。莫迪为争取更多的民意支持以赢得大选，希望军方抓住此次机会取得战果，于是印度军方在2019年

2月27日向巴控克什米尔地区武装组织投放了约1吨炸药进行报复。但在随后巴基斯坦对印度进行的反击中，击落两架印度飞机，俘虏一名士兵。这让莫迪颜面尽失。为了获得更多民众的支持，莫迪只能另想他法。

此次印军反卫星试验就像是一次特意的安排，试验获得了成功，莫迪宣布印方成为太空强国，并最终获取大批民众支持。据估计印度发射Microsat-R卫星至少花费了1亿美元。因此，这次反卫星试验堪称史上最昂贵的选举宣传活动之一。

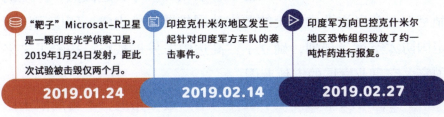

印度的反卫星试验起因

但也有专家认为，印度此次反卫星试验的象征意义大于实战意义。俄罗斯专家对印方此次反卫星试验进行分析以后表示，印方此次试验更像是被特意安排好的。值得注意的是，印度绝大多数卫星是由印度太空研究组织（ISRO）制造，而Microsat-R卫星是由设计发展"沙克蒂"地基反卫星导弹机构DRDO制造，这让多方怀疑该星本身就是本次反卫星试验的专用靶星。专用靶星通常会装有信标和各类传感器，可以将试验数据传回地面。

（三）世界各国舆论反应

针对印度本次试验，各国的反应较为平淡。美国国防部仅对试验产生的太空垃圾表示担忧，美国国务院也仅仅是敦促印度维护太空安全。俄罗斯仅发表声明称，应当采取一切必要步骤防止外太空军备竞赛，敦促印度积极参与国际合作共同努力，除此之外俄罗斯再无其他回应。日本和欧洲各国更是没有针对试验发表任何声明。

四、案例启示

后起之秀，航天大国梦想

1. 印度反卫星试验对世界格局产生重要影响

随着主要军事大国在太空军事领域的争夺日趋激烈，印度的制空权观念也逐渐由传统的领空范围扩展到外太空。印度积极制定国防太空远景规划，确立了"高边疆"发展战略，描绘了未来国家太空事业发展的宏伟蓝图。

印度国防战略也将空中边界向空天边疆拓展，不再局限于印度领空、领海的战略，而是将大气层内和大气层外视为国家可资利用的"高边疆"利益区。为有效利用和维护空天边疆的安全，印度强化空天力量建设，大力发展太空技术。当前，印军已明确将太空列入继海上、陆地、空中作战空间之后的第四维作战领域，并视"太空力量"作为未来战争的核心。研发反卫星武器作为印度构建空天一体化作战能力的重要举措，对其夺取制太空权优势具有重要作用，确保印度可在日趋白热化的太空军事竞赛中占据一席之地，进而积累大国资本，实现大国战略目标。

印军认为，没有空中优势，就不会有地面和海上优势；没有信息优势，就不会有空中优势；没有太空优势，就不会有信息优势。在信息化战争时代，反卫星能力成为体系破击最有效、最关键的"破门之战"，因而受到印度军方的高度重视。

首先，印度发展反卫星武器，谋求太空军事优势，可能冲击国际社会的战略力量平衡，加大对其他国家的安全压力，使其竞相发展相关能力，进而引发军备竞赛。随着太空战略地位和军事价值的提升，世界主要军事大国近年来不断发展太空军事技术，着力增强太空军事能力，反卫星武器作为太空进攻力量的重要组成部分，成为各军事大国重点发展的武器平台。印度此次成功进行反卫星试验，将促使各军事大国更加重视太空战略地位，加大太空武器装备技术研发投入，加剧太空军备竞赛。

其次，印度成功进行反卫星试验将对地区安全格局产生冲击和影响。巴基斯坦外交部在一份声明中说，"太空属于全人类，每个国家都有责任避免从事可能导致太空军事化的活动"。印度此次反导试验的成功，改变了地区战略平衡，使印巴冲突更加紧张。后续随着其进一步完善卫星侦察监视、通信、导航定位和反卫星武器系统，提升太空支援和对抗作战能力，这势必将打破现有太空力量的均势格局，加剧地区紧张局势。

印度反卫试验对世界格局的影响

01 / 冲击国际社会的战略力量平衡，加剧太空军备竞赛

02 / 反卫星试验将对地区安全格局产生冲击和影响

2. 外太空条约缺乏约束

莫迪总理和印度外交部在试验后声明："此次试验没有违反任何印度已经批准的国际法和条约"。实际上，目前没有相关国际法和条约对反卫星武器的开发和试验进行限制。1967 年《外层空间公约》第 4 条规定"不得将核武器或搭载有大规模杀伤性武器的载体送入环绕地球轨道"，本次发射试验未使导弹进入绕地轨道，所以不适用于该条款。此外，第 9 条规定"本国或本国国

民计划在太空开展活动或试验,如果在和平探查或利用太空方面存在损害其他当事国家利益的风险且没有合理理由的情况下,应该在该活动或试验前举行相关国际磋商"。美国内布拉斯加林肯大学太空法教授冯德庞克认为这种试验产生的碎片对其他国家卫星造成了危险,违反公约规定。但印度方面则认为,此次试验造成的碎片垃圾虽然给空间站和其他卫星带来了极大的碰撞风险,但试验过程考虑了碎片问题,不能视为"存在损害他国利益的风险"。

与《外层空间公约》不同,2007年3月6日联合国通过了《联合国和平利用外层空间委员会太空碎片减缓准则》,规定"不得对航天器或火箭的入轨部分进行蓄意破坏,不得开展可能造成大量长期残留碎片的活动"。但该准则同时规定"如果需要摧毁相关航天器,必须在足够低的高度上实施,以便缩短产生的碎片在轨道上残留的时间"。可以看出准则规定的内容相对空泛,约束意义不强。

附录一　萨迪什·达万航天中心介绍

萨迪什·达万航天中心（Satish Dhawan Space Centre，SDSC）是印度的主要航天发射场，印度空间研究组织的绝大多数卫星在此发射。中心最初名为斯里赫里戈达靶场（Sriharikota Range，SHAR），2002年为纪念已故的印度空间研究组织（ISRO）前主席萨迪什·达万，靶场更名为萨迪什·达万航天中心。萨迪什·达万航天中心坐落在印度斯里赫里戈达岛，该岛在印度城市金奈以北约80千米处，位于北纬13°43′，东经80°12′，面积约145千米^2。这座岛屿是一个位于安得拉邦东海岸的纺锤形障壁岛。各种任务的良好发射方位走廊、靠近赤道（有利于向东发射）和大片无人区等特点使其成为理想的太空港。

萨迪什·达万航天中心介绍

自1971年该中心首次发射一枚RH-125探空火箭以来，经过近40年建设，已成为印度最大的航天城和航天器发射中心。印度空间研究组织在这里先后建设了探空火箭发射工位、增强型卫星运载火箭（ASLV）发射工位、极轨卫星运载火箭（PSLV）（第一发射工位）和通用航天器发射工位（第二发射工位），可以支持发射多型运载火箭；此外还建设了固体推进器工厂，可为各种大型运载火箭生产固体发动机。发射场拥有较为完善的运载火箭试验、组装和发射设施,以及用于跟踪、测量各种卫星的测控站。萨迪什·达万航天中心发射了印度的绝大多数卫星,同时也承担了国际商业发射服务。

萨迪什·达万航天中心存在的主要不足

01 火箭射向存在一定的限制

02 国内测控站布设比较困难

03 周边存在引力异常区

附录二 印度靶星介绍

2019年1月24日,印度使用PSLV-DL新型运载火箭在斯里赫里戈达岛萨迪什·达万航天中心极地卫星发射工位(第一发射工位)成功将Microsat-R卫星精确送入轨道。Microsat-R卫星是印度国防研究与发展组织(DRDO)建造的一颗小型地球观测卫星。卫星的发射质量为740千克,在274千米高的轨道上绕地球运行,成像分辨率远低于印度制图卫星。Microsat-R卫星雷达二维像如下图所示。

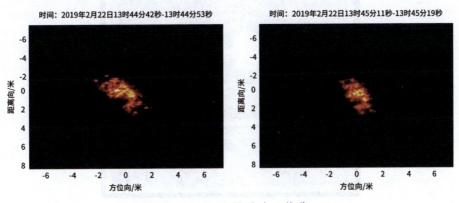

Microsat-R卫星雷达二维像

此次发射还同时搭载了印度Space Kidz组织制造的纳米卫星Kalamsat。这是PSLV的第46次发射,也是PSLV系列的新型号PSLV-DL的首次发射。PSLV-DL火箭高44.4米,有两个捆绑式发动机,每个可携带12.2吨固体推进剂。

附录三 试验产生的碎片情况

印度这次反卫星试验选择在284千米高度实施，试验高度较低，这确保了绝大部分试验产生的碎片能快速坠入地球大气层并烧毁。下图所示为导弹IIR相机拍摄的距离为0.84千米的Microsat-R卫星。

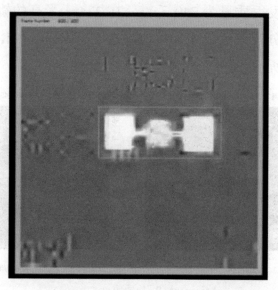

导弹IIR相机拍摄的Microsat-R卫星

（图片来源：印度国防研究与发展组织反卫星测试的官方视频截图）

下图为导弹拦截目标卫星时，位于印度海岸的红外摄像机拍摄的图像，导弹以每秒10.45千米的相对速度撞击了卫星。

印度反卫星导弹击中靶星时，与水平方向夹角是向上的48°，与卫星运动方向夹角是向上的135°，这次撞击给碎片带来了向上的速度冲量，导致碎片进入到比卫星轨道更高的轨道，增加了碎片的威胁。此次试验产生了至少400个太空碎片，分布在极逆行

案例五　印度"沙克蒂"反卫星试验——印度进入太空精英俱乐部 | 091

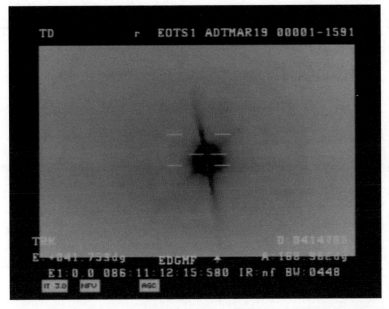

红外相机拍摄的图像

（图片来源：印度国防研究与发展组织反卫星测试的官方视频截图）

轨道上，轨道倾角96.70°。这些碎片尺寸较大，容易被地面设备追踪监测。

已监测掌握的400个碎片中，有24个碎片的远地点高度大于410千米，处于国际空间站轨道上方。4月5日，美国联合太空作战司令部（USSPACECOM）发布了84个印度反卫星试验产生碎片的轨道参数。下图显示了这些碎片轨道的近地点、远地点和轨道周期。

美国战略司令部联合部队太空司令部（JFSCC）表示正在监测反卫星试验产生的碎片。如下图所示，碎片的近地点高度与反卫星试验的高度基本一致，远地点高度向2250千米的高度扩散。试验产生的大部分碎片在试验后的数日内就坠入大气层内烧毁，但仍有少量碎片持续在近地轨道运行。

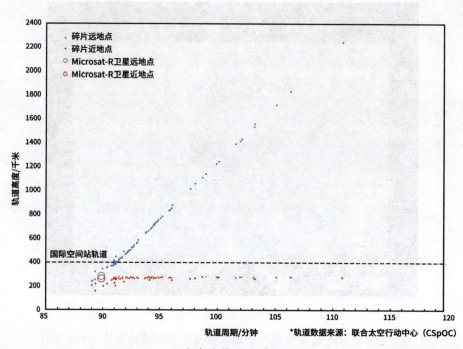

碎片的轨道分布图

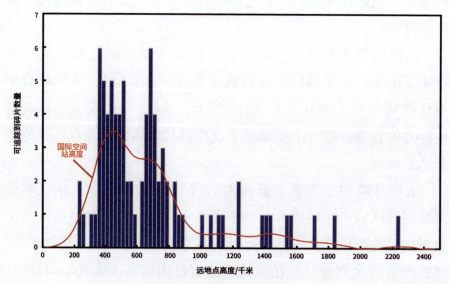

碎片的远地点高度

反卫星试验产生的碎片的轨道寿命估算结果如下图所示。

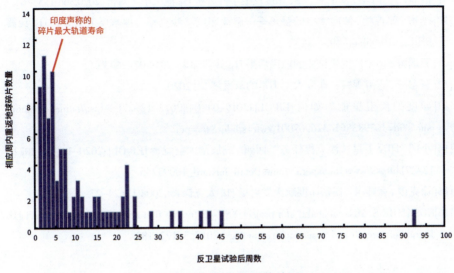

碎片的轨道寿命估算结果

参考文献

[1] 张嘉毅. 印度开展反卫试验, 或将打破太空的"寂静"[J]. 国际太空, 2019(04):50-51.

[2] 葛立德. 印度首次反卫星试验透[Z].2019.

[3] 张岩. 印度成功试验反卫星武器[J]. 中国航天, 2019(05):55-59.

[4] 李梅, 郭吉兰. 伸向太空的触角——解读印度"沙克蒂"地基反卫星导弹[J]. 兵器知识, 2019(6):44-49.

[5] 石江月. 印度反卫星武器！为了追赶中国, 这个计划隐藏了12年[EB/OL].(2019-03-28)[2022-12-27].https://baijiahao.baidu.com/s?id=1629179540684010691&wfr=spider&for=pc.

[6] 看空天. 印度反卫星测试或产生超6500片碎片, 美军司令却说空间站没风险[EB/OL].(2019-03-31)[2022-12-27].https://mil.ifeng.com/c/7lUnunGOHeP.

[7] 为太空立法,《外层空间条约》50年回眸[EB/OL].(2017-02-01)[2022-12-27].https://baijiahao.baidu.com/s?id=1558059083874961&wfr=spider&for=pc.

[8] 吕琳琳, 李国华, 王鹏钧. 印度反卫星武器试验分析[J]. 航天电子对抗, 2020, 36

(01):54-57.

[9] 王伟林,何海峰,杨永嘉,等.印度反卫事件分析[J].航天电子对抗,2020,36(01):58-64.

[10] 李梅,郭吉兰.伸向太空的触角——解读印度"沙克蒂"地基反卫星导弹[J].兵器知识,2019(06):44-49.

[11] 尹瑞涛.印度反卫星试验的前因后果[J].兵器知识,2019(07):36-39.

[12] 黄志澄.志澄观察：印度太空力量的新发展[Z].2020.

[13] 印度的反卫星能力如何[EB/OL].(2019-04-04)[2022-12-27]. https://baijiahao.baidu.com/s?id=1629835614326967001&wfr=spider&for=pc.

[14] 小邱.印反卫星"沙克提任务"回顾,或加剧太空竞赛[EB/OL].(2020-11-13)[2022-12-27].https://www.thepaper.cn/newsDetail_forward_10093745.

[15] 徐克俊,张桂洪.揭密印度航天发射场[J].太空探索,2008(12):24-27.

[16] KOSAMBE S. Mission shakti aka project XSV-1: India's first anti-satellite test (ASAT)[J]. Journal of Aircraft and Spacecraft Technology, 2019, 3: 172-182.

案例六　俄罗斯频繁开展反卫星测试
——太空斗争愈演愈烈

美国在与俄罗斯开展太空斗法的同时，似乎也在试图与俄罗斯谋求合作，不论是在预防太空冲突升级，还是在国际空间站等特定技术领域的合作上，两国又有着共同的利益。

一、案例概述

2020年，俄罗斯继年初与美国锁眼侦察卫星开展太空追逐战后，分别在4月和12月进行了两次直接上升式反卫星导弹试验，在7月开展了一次共轨式反卫星试验。这些举动加速了国际太空军备竞赛步伐，美俄太空摩擦不断升级，舆论斗争加剧。与此同时，2011年美国航空航天局的航天飞机全线退役后，俄罗斯"联盟"号飞船成为了宇航员往返国际空间站的唯一运输工具。美方谋求通过国际空间站运用来拉拢盟友推动国际合作，俄方则希望通过航天发射赚取更多外汇，因此，美俄双方在竞争中，也在不断谋求合作发展的空间。

04.15	07.15	12.16
俄罗斯在普列谢茨克发射场开展了一次直升式反卫星导弹测试，使用A-235"努多利"系统。	俄罗斯"宇宙-2543"卫星轨道机动频繁，并于7月15日在轨发射了1颗小目标OBJECT-E，疑似与"宇宙-2535"卫星联合开展了一次天基动能武器试验，美英政府称证据表明俄罗斯进行了"共轨式反卫星"试验。	俄罗斯发射一枚直接上升式反卫星导弹。本次试验已经是俄罗斯本年度进行的第二次直升式反卫星导弹试验，也是俄罗斯今年第三次反卫星试验。

2020年内三次反卫星试验

本案例详细介绍了 2020 年俄罗斯开展的三次反卫星试验，通过梳理事件脉络，引出在军事航天领域美俄复杂而微妙的关系，揭示了太空博弈中既有对抗和竞争，又伴随着合作与交流。

二、案例详情

（一）第一次

2020 年 4 月 15 日，俄罗斯在普列谢茨克航天发射场开展了一次直升式反卫星导弹测试，测试对象为 A-235"努多利"（Nudol）系统。根据美方监测数据，这是 2014 年以来俄罗斯反卫星导弹第八次测试。时任美国太空军作战部部长雷蒙德表示，俄罗斯此举对美国的太空资产构成了威胁。

（二）第二次

2020 年 6 月 4 日至 8 月 14 日，俄罗斯"宇宙-2543"卫星开始频繁进行轨道机动。7 月 15 日，"宇宙-2543"卫星与"宇宙-2535"卫星（2019 年 7 月 11 日发射）疑似开展了一次天基动能武器试验。试验中，"宇宙-2543"卫星释放了 1 颗小尺寸物体。这次试验引发了美国等西方国家的高度关注。

"宇宙-2543"卫星是由"宇宙-2542"卫星于 2019 年 12 月 6 日在轨释放部署。当年 12 月 17 日，"宇宙-2543"卫星轨道抬升 110 千米（近地点高度抬升 220 千米）离开释放轨道，运行在近地点高度 589.8 千米、远地点高度 859.1 千米、轨道倾角 97.90° 的工作轨道上。

2020 年 7 月，美国和英国政府表示，他们有证据表明，俄罗斯进行了"共轨式反卫星"天基武器系统试验。美国太空军司令部于 2020 年 7 月 23 日发表声明，监测到俄罗斯"宇宙-2543"

卫星向轨道上投放了一个新物体,并指责俄罗斯开展了一次天基武器试验。这是美国首次指控俄罗斯在轨测试此类武器。英国国防部随后也对此次事件表示谴责。

对此俄罗斯国防部回应,称该试验为一次"小型太空飞行器"巡检卫星任务试验,该飞行器利用特殊设备近距离巡检了一颗本国卫星。俄方还强调,试验未威胁其他太空设施,也没有违反国际太空法。

(三)第三次

2020年12月16日,俄罗斯发射一枚直接上升式反卫星导弹。本次试验是俄罗斯本年度进行的第二次直升式反卫星导弹试验,也是俄罗斯当年第三次反卫星试验。此举一出,引发美国强烈指责。

时任美国太空司令部指挥官詹姆斯·迪金森将军表示,"通过测试瞄准和摧毁卫星的天基和陆基武器系统,俄罗斯已经把太空变成了一个作战领域。这一事实与其宣称的俄罗斯试图阻止太空武装冲突不符。太空对所有国家都至关重要,创造安全、稳定、可持续的太空环境符合我们的共同利益",同时还声称,"俄罗斯宣称该国正努力防止外太空变成战场,与此同时其却在通过发展和部署轨道打击能力推动太空军事化。俄罗斯对这些系统的持续测试表明,美国及其盟友太空体系受到的威胁正在快速上升"。

三、案例分析

(一)俄罗斯直接上升式反卫星导弹试验

直接上升式反卫星武器,是利用助推火箭把反卫星拦截器送入与目标卫星基本相同的轨道上,然后通过引爆爆炸装置或者利用拦截器直接撞击，达到摧毁目标卫星的目的。俄罗斯"努多利"直接上升式反卫星导弹于 2015 年 11 月 18 日首次试验成功，这也是该导弹的第三次飞行试验。试验成功也标志着俄罗斯重返反卫星武器行列。2016 年 5 月 25 日，俄罗斯"努多利"直接上升式反卫星导弹再次试验成功。此外，可能的试验时间还有 2016 年 12 月 16 日、2018 年 3 月 26 日和 2018 年 12 月 23 日。

"努多利"直接上升式反卫星导弹试验

有专家认为，2020 年俄罗斯的两次试验同样是"努多利"直接上升式反卫星导弹。有分析认为，该导弹是俄罗斯反弹道导弹系统的衍生型号，还可能具备直接反弹道导弹能力和机动打击能力。

（二）俄罗斯天基共轨式反卫星试验的舆论之争

同样在 2020 年，7 月 15 日俄罗斯"宇宙-2543"卫星向轨道高速投放了一个新物体，释放的新物体向着另一颗俄罗斯卫星（"宇宙-2535"卫星）靠近。

美国认为，这是一次非破坏式的反卫星武器测试。美国专家表示，根据公开的轨道数据分析，"宇宙-2543"卫星释放的秘密载荷与"宇宙-2543"卫星相对速度达到了约 200 米/秒，与其说是"释放"，使用"发射"一词似乎更加准确。英国也赞同以上美方说法，认为该抛射物"具有武器化特征"。

"宇宙-2543"卫星是由"宇宙-2542"卫星（2019年11月发射入轨）在轨释放，其中"宇宙-2542"卫星曾与美国"KH-12"卫星发生过一场太空追逐大戏。鉴于"宇宙-2542"卫星在轨释放了"宇宙-2543"卫星，"宇宙-2543"卫星在此次试验中又释放了一个秘密载荷，于是美方把俄罗斯这种卫星称为"套娃卫星"。美方认为它实际上是一种反卫星武器，凸显了俄方假意倡导太空军备控制，实则意图限制美国能力，同时却持续推动本国太空对抗计划，包括发展地基反卫星能力和在轨反卫星能力。

对此，俄罗斯国防部表示，本次任务是利用探测航天器对太空目标靠近并成像检查的演示试验，该飞行器利用"特殊设备近距离巡检了一颗国家卫星"。并强调，试验没有威胁到其他太空设施，也没有违反国际法，美英双方的说法只是为了转移公众注意力，为他们在太空部署武器的行为找到合理的借口。

（三）以非对称性手段谋求太空作战域优势

近年来，俄罗斯基于自身实际发展太空硬实力，大力发展多类型反卫星技术，以非对称性手段谋求太空作战域优势。俄罗斯先后测试"努多利"动能反卫星武器系统、"佩列斯韦特"激光武器系统等地基反卫星装备，初步具备地基反卫星作战能力；此外，在轨太空试验也日渐频繁，试验难度逐步加深，技术成熟度逐渐提高，以"水平仪"低轨卫星和"奥林普"高轨卫星为核心的高低轨太空操控体系雏形初现。

（四）美俄太空安全会谈

在俄罗斯"宇宙-2543"卫星完成天基试验后，美俄双方围绕太空安全的舆论冲突烽烟四起。试验后不久，2020年7月27日，美俄举行了自2013年以来的首次太空安全会谈，双方就如何防范日益升级的太空军事化展开了对话。美方希望通过会议，

2020年 7月27日 美俄双方举行了自2013年以来的首次太空安全会谈，双方就如何防范太空日益军事化展开了对话。

2020年 12月16日 会议结束后的5个月，俄罗斯开展了年度第二次直接上升式反卫星导弹试验。

美俄太空安全会谈

能与俄方形成一套在太空开展行动的准则，并且希望能够恢复双边通信渠道，以避免近地轨道冲突；而俄罗斯则不满足于美国提出的所谓准则，主张签订一项反对在太空部署武器的正式条约。然而为期一天的会议结束后，双方都没有发表声明。新闻媒体猜测，两国未能达成共识。

就在会议结束后的 5 个月，2020 年 12 月 16 日，俄罗斯开展了前文提到的年度第二次直接上升式反卫星导弹试验。事实证明，太空领域涉及各国的核心利益，在未形成广泛认同的国际准则以前，太空军事化趋势还将日益凸显，美俄双方将太空引入战场的脚步不会停止。

四、案例启示

美俄太空领域的竞争与合作

从 2020 年 1 月 30 日，美国普渡大学天体力学研究生在社交网络指控俄罗斯卫星正在追逐美国"USA–245"（"KH–12"）卫星开始，美俄年度太空摩擦就此拉开帷幕。

4月6日，特朗普签署总统行政令《关于鼓励国际支持太空资源的获取和使用》，明确表示美国承认联合国《外太空条约》，但不承认《月球协定》，并支持对太空资源的商业开发。该总统行政令签署的第二天，俄罗斯新闻发言人称，必须通过法律研究来确认美国是否有将外太空私有化的企图，同时表示俄方不接受任何将外太空私有化的尝试。4月11日，俄罗斯外交部宣布，俄罗斯和美国同意设立一个联合工作组，讨论双方共同关心的太空政策领域问题。在大家都以为美俄双方会停下目前的太空军事化脚步时，4月15日，俄罗斯测试了"努多利"直接上升式反卫星武器系统。

随后的7月15日，俄罗斯卫星在轨释放了一个小型物体，美国认定俄罗斯进行了共轨式天基反卫星试验，这次试验破坏了太空安全稳定。而俄罗斯则坚决声明，这是美国为自己太空武器部署寻找借口。紧接着，美俄太空安全会谈开始。会谈期间，也就是7月的第三周，美国太空部队的太空电子战、轨道战和太空作战管理课程培训刚刚结束，美军第一份太空作战理论草案也已经完成。

5个月后的12月16日，俄罗斯开展了本年度第二次直接上升式反卫星试验。两天后，美国在白宫举行了太空军诞生一周年庆典活动，随后，美国太空军收到一份生日礼物：美国国会通过2021财年政府预算案，其中包括给太空军的152亿美元预算。

通过梳理以上2020年美俄太空关键事件可以看出，当前航天强国之间太空领域军事化日趋明显，斗争十分激烈，各国间不断进行着抵消与反抵消、平衡与反平衡的努力。2019年底，美国太空军成立，其增强太空实力、巩固扩大太空优势意图明显，增加了俄罗斯的不安。2020年，俄罗斯开展了一系列反卫星试验，

- 1月30日　美国普渡大学天体力学研究生在社交网络指控俄罗斯卫星正在追逐美国"USA-245"（"KH-12"）卫星。
- 4月06日　特朗普签署总统行政令《关于鼓励国际支持太空资源的获取和使用》：美国承认联合国《外太空条约》，但不承认《月球协定》，并支持对空间资源的商业开发。
- 4月07日　俄罗斯新闻发言人称，必须通过法律研究来确认特朗普命令是否是将外层空间私有化的企图，任何将外层空间私有化的尝试都是不可接受的。
- 4月11日　俄罗斯外交部宣布，俄罗斯和美国都同意设立一个联合工作组，讨论共同关心的空间政策领域问题。
- 4月15日　俄罗斯测试了"努多利"直接上升式反卫星武器系统。
- 7月15日　俄罗斯卫星抛射另一颗卫星，美国认为俄罗斯进行了共轨式天基反卫星试验，破坏了空间安全稳定。而俄罗斯则坚决声明，这是美国为自己太空武器部署寻找借口。
- 7月27日　美俄太空安全会谈期间，美国太空部队的太空电子战、轨道战和太空作战管理课程培训刚刚结束，第一份太空作战理论草案也已经完成。
- 12月16日　俄罗斯开展了本年度第二次"努多利"直接上升式反卫星武器系统试验。
- 12月18日　美国在白宫举行太空军诞生一周年庆典活动，随后美国国会通过 2021 财年政府预算案，其中包括给太空军的 152 亿美元预算。

2020 年美俄太空领域的竞争与合作

似乎是在向美国展示自己的太空力量。针对俄方，美方不断大做文章，宣扬俄罗斯是假意倡导外太空军备控制。而反观美国，无论是拒不承认《月球协定》，还是拒绝签订反对太空部署武器的正式条约，都仿佛在为合法部署和使用太空武器作铺垫。

值得一提的是，美俄作为两个航天大国，都在持续通过各种手段，避免其他国家威胁其航天优势地位，因此两国又有着共同的太空利益基础。这也导致美国在与俄罗斯长期开展太空斗法的同时，也在试图谋求合作共赢。不论是在预防太空冲突升级，还是在国际空间站等领域的合作方面，美俄这种竞争中存在合作的微妙关系可能是维系美俄双方战略平衡的关键。

附录　美苏（俄）长久的反卫星计划斗争

随着卫星在国家安全、经济发展和人类社会稳定中起到越来越重要的作用，对于一个国家来说，任何一颗重要卫星如果出现损坏或者失去联系，都有可能给这个国家带来不可预测的严重后果，这就引发了各国对本国卫星安全的担忧。因此，建造和发展反卫星武器，或者使用武器对其他国家卫星进行瞄准，即使没有进行真正的攻击，都将引发太空军备竞赛。此外，如果真正实施了摧毁卫星的行为，这将产生大量的太空碎片，给太空环境带来严重的破坏。

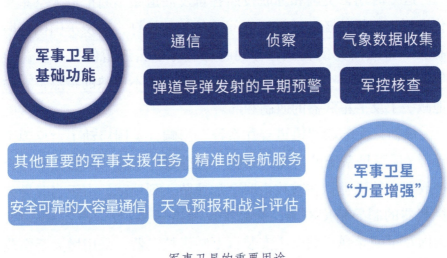

军事卫星的重要用途

在太空时代的最初几十年里，军事卫星主要用于通信、侦察、弹道导弹发射早期预警、收集气象数据等。随着军事卫星能力的发展，军事卫星战时的"力量增强"应运而生，比如提供安全可靠的大容量通信、精准的导航授时服务、战场天气情况预测以及战斗效果评估等。此外，商业卫星的能力也得到了扩展，比如不断发展的高分辨率图像和安全通信等，这也给科学研究、经济社会发展带来了极大的帮助。

自从第一颗人造卫星进入太空开始，反卫星技术就应运而生。有意思的是，最初苏联在 Almaz 军用空间站计划中，甚至在空间站外部安装了一门机关枪，以抵御美国宇航员的攻击。最近的几十年里，美俄重新燃起了对反卫星武器的兴趣，这些兴趣已经体现在反卫星技术的发展、试验和部署上；同时印度也开展了反卫星武器试验。

1. 20 世纪 50 年代至 60 年代——早期反卫星、导弹防御系统和《外层空间条约》

这一时期，美国和苏联按照各自发展道路不断推进太空军事化进程。但是伴随着《外层空间条约》的签订，以及美国国会限制反卫星武器资助和试验，同时还有苏联自愿暂停反卫星试验等，这些关键外交事件加上反卫星武器技术不成熟的特点，有力地减缓了反卫星武器的研制和部署。

最初，受苏联"轨道轰炸系统"影响，美国启动了对反弹道导弹/反卫星系统的研究。苏联"轨道轰炸系统"武器在平时会被放置在轨道上，在被攻击时会加速坠入到地球。由于当时导弹拦截器的制导精度有限，为确保反弹道导弹/反卫星拦截成功，美国在早期导弹拦截器中安装百万吨级核武器，采用增大杀伤范围的方式来解决精度不足的问题。

自 20 世纪 50 年代以来，苏联就启动了反弹道导弹和太空防御计划。在 20 世纪 60 年代，苏联开始为莫斯科发展有限的导弹防御系统，同样也采用核拦截器，该系统最终在 1977 年后部署。目前，俄罗斯导弹防御系统虽然已经发展了其他的拦截方式，但

20世纪50年代末
美国的外交倡议集中在禁止在太空和通过太空的一切军事活动

1967年
美苏两国都准备制定管理太空活动的基本原则,并签署了《外层空间条约》(OST)

20世纪50年代
苏联武装部队启动反弹道导弹和太空防御计划

20世纪60年代
苏联开始为莫斯科发展有限的导弹防御系统（使用核拦截器）

1977年
苏联最终部署导弹防御系统

20世纪50年代至60年代美苏反卫星相关事件

还将继续使用装有核弹头的拦截器。

虽然核拦截器对付卫星非常有效,但也饱受诟病,这主要是因为太空核爆炸威力过大,会摧毁其杀伤范围内所有卫星,同时核辐射持续时间过长,在爆炸后的几周内会有更多的卫星因近地轨道辐射增加而受损。此外,滥用核武器违反了1963年的《部分禁止核试验条约》。

与此同时,美国逐渐改变了其在军备控制问题上的立场。在20世纪50年代末,美国的外交倡议集中在禁止在太空和通过太空的一切军事活动。苏联认为,美国的外交倡议目的是延缓苏联远程导弹发展计划。到了1967年,两国不约而同准备制定管理太空活动的基本原则,美国希望让自己的太空侦察任务合法化,并且保护己方卫星不受苏联太空武器的损害,同时苏联也认为太空军备控制是有利的。为此,美苏两个超级大国在当年签署了《外层空间条约》(OST)。《外层空间条约》规定,只要尊重其他太空使用者的利益,并根据国际法行事,所有国家都可以自由地和平利用太空。《外层空间条约》禁止了轨道核武器,但没有禁止拥有其他种类的太空武器,以及没有明确禁止对卫星的攻击行为,没有禁止可能会对其他太空用户构成危险的反卫星武器试验。

2. 20世纪60年代至70年代——苏联共轨反卫星武器和发展双边协定

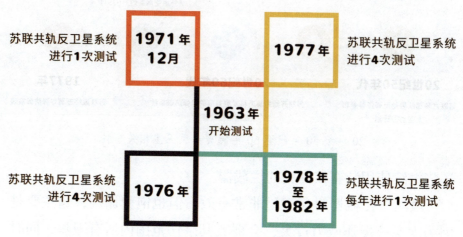

苏联共轨反卫星系统测试

这一时期，苏联唯一专用的反卫星系统采用了一种共轨攻击策略。这种策略是将携带常规炸药的武器预先发射到与目标卫星相同的轨道上，等到武器移动到足以摧毁目标卫星的位置再进行攻击。当目标卫星的轨道平面经过拦截卫星的发射场时，拦截卫星就可以发射到同一轨道平面上；对于一个固定发射地点，低轨卫星每天只会经过两次，因此每天也只有2次攻击机会。这种反卫星武器重达1400千克，根据设计，计划在一到两圈的时间里（1.5~3小时），由地面控制系统引导反卫星武器接近目标卫星。拦截器进入目标卫星几十米的范围后引爆携带的常规炸药，通过爆炸产生的弹片破坏目标卫星。

该系统最早于1963年开始测试，前后进行大约7次近距离接近试验或"拦截"试验，其中有5次拦截器成功爆炸。最终，该系统被认定可以在轨道高度230~1000千米的低轨空域工作。1971年12月第7次试验结束后，苏联停止了该系统的测试工作，并于1973年2月宣布该系统具备反卫星能力。

1972年签署的《反弹道导弹条约》规定，禁止干涉任何一个国家的"国家技术核查手段"。尽管条约没有明确说明"国家技术核查手段"的形式，但对于美国来说，其侦察卫星是主要核查手段。同时，苏联也默认接受了美国侦察卫星合法性，并最终导致《反弹道导弹条约》关于卫星的保护扩展到其他类型的卫星。

此外，美国和苏联在1971年签署的《事故措施协定》要求，如果监测到其导弹警报系统或有关通信设施受到信号干扰，应立即通知另一方。同时签署的还有《热线现代化协议》，要求美苏双方"采取一切可能的措施"保护美苏直接通信链路的可靠运行，当时包括Molniya（苏）和Intelsat（美）通信卫星。

与此同时，苏联在1976年重新恢复共轨反卫星系统的测试，在1976年和1977年各进行了4次试验。根据相关报道，这些试验主要体现在反卫星系统交战高度改进，可以覆盖150~1600千米范围，并且缩短了拦截器发射后机动至目标卫星的攻击时间。此外，苏联还试图改进光学和红外系统传感器，但未能成功。在这种情况下，苏联反卫星系统被认定具备卫星杀伤能力。从1978年到1982年，苏联共轨反卫星系统的试验持续以每年一次的速度进行，直到1993年退役。尽管该系统已经多年未进行过试验验证，但目前该系统仍有可能再次投入使用。

在20世纪70年代中期，媒体报道了美国重拾反卫星技术的兴趣，但事实上美国当时正着力发展航天飞机技术。虽然在今天很少有人认为航天飞机具有反卫星能力，但当时苏联强烈反对美国研究和发展航天飞机与卫星交会并拉进货舱的能力。总的来说，美苏双方既在持续推动反卫星军备控制谈判，同时也在不断发展各自的反卫星技术。

3. 20世纪80年代——美苏空基反卫星系统和美国战略防御计划

1982年6月，美国宣布打算试验空射微型运载火箭（ALMV）反卫星武器系统，该系统由一枚两级导弹和挂载武器的F-15飞机组成。F-15飞机发射导弹后，导弹将上升到低地球轨道的目标卫星附近，以高速撞击摧毁或干扰卫星。这种反卫星策略在技术上比共轨打击策略难度大，但是具备其他很多优势。首先，ALMV对攻击时间没有严格要求，而共轨反卫星武器必须在目标卫星轨道平面处于头顶时才能发射，ALMV的使用更具灵活性。此外，ALMV反卫星武器从发射到目标被破坏的时间消耗明显减少。

1983年春，时任美国总统罗纳德·里根在他的"星球大战"演说中宣布，他倾向于将美国的资源集中在发展大规模导弹防御系统上。他所倡议的天基拦截器被认为具有潜在的反卫星能力的。对此，苏联对这项天基拦截器计划作出了回应，重新启动研究苏联导弹防御系统。同时苏联也通过外交手段，提议禁止天基武器，并且宣布单方面暂停反卫星武器试验。

1984年，美国对其ALMV系统进行了两次拦截器发射试验，这两次试验没有针对任何实际目标。1985年9月13日，ALMV系统首次也是唯一的一次，对一颗在地球上空约550千米处运行的美国"太阳风"卫星实施了打击，武器摧毁了这颗卫星。打击后，"太阳风"卫星产生了800~900个太空碎片，其中有250多个大尺寸碎片可以被持久跟踪；最后一块可跟踪的碎片于2002年离轨坠入大气层。

美国空军原打算大力发展ALMV技术，并安排了多项测试计划。但在1985年12月，美国国会禁止在卫星上进一步测试该系统。

美国空军尝试在不违反禁令的情况下继续测试 ALMV，但美国国内对 ALMV 系统的政治反对意见，最终使美国空军终止了该项目。

苏联在遵守暂停试验约定的同时，也在进行一些导弹防御和反卫星技术的研究。1987 年，苏联试图发射一个据称是用于太空"战斗站"的武装测试平台，用以挫败美国的天基导弹防御系统，但是该武装测试平台在发射后不久因无法进入轨道而坠入了太平洋。时任苏联总书记戈尔巴乔夫直到这次发射前不久才知道这个项目，而后他拒绝进一步资助该项目。

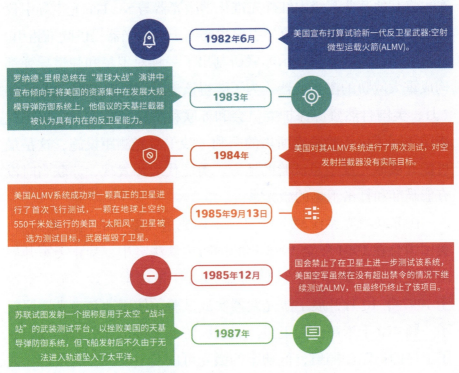

20 世纪 80 年代美苏反卫星相关事件

4. 20 世纪 80 年代至 90 年代——美国中红外高级化学激光项目 MIRACL 和动能反卫星 KE-ASAT 系统，苏联激光反卫星系统

1988 年 4 月，美国国会投票终止反卫星试验禁令，但同时也否决了美国国防部研制地基反卫星系统的1亿美元申请。于是，美国空军启动了其他反卫星项目的计划，尤其是地基激光系统。基于定向能的反卫星武器（如激光或高能微波）作用范围有限，并且容易受到天气的影响，但定向能反卫星武器打击产生的碎片少且攻击较为隐蔽。此外，动能杀伤武器通过直接摧毁卫星完成打击，而定向能反卫星可以对卫星采用不同强度的攻击，比如低功率激光器可以"暂时致盲"或"永久致盲"部分卫星的光学传感器，而高功率激光可以损坏、破坏整个卫星。在此期间，美国海军也将其地基兆瓦级中红外先进化学激光器与Sea Lite光束导引仪相结合使用，其中该光束导引仪主要用于给激光器提供瞄准指引。

当时，美国情报显示苏联研制出了一种对卫星和弹道导弹都构成重大威胁的激光武器。为了获得该激光武器的信息，1989年7月，美国自然资源保护委员会和苏联科学院安排了一个美国代表团访问了位于哈萨克斯坦的萨利·沙干激光测距设施，这是最可能开展激光反卫星试验的地方。美国代表团发现，苏联当时没有能瞄准和打击卫星的激光系统。

在苏联激光系统对美国卫星不构成重大威胁的信息揭露后，美国国会在1991年至1995年的国防拨款法案中，禁止美军开展激光攻击太空物体试验。但随着1996年该法案失效，美国空军于1997年10月开展了激光武器实战试验，使用地基激光器照射了一颗420千米高度的卫星。美国国防部报告声称激光武器完成了卫星的追踪和照射，低功率的激光可以使卫星"暂时致盲"或者造成卫星传感器损坏。尽管五角大楼表示本次试验是为了掌握美国卫星在激光攻击下的脆弱性，但俄罗斯官员认为这套武器系统已经违反《反弹道导弹条约》，并要求与美国开展反卫星武器禁令谈判。

在这一时期,美国陆军也在计划建设地基反卫星系统,该计划被称为动能反卫星(KE-ASAT)计划。美国国防部在1993年正式终止了这个项目,但是在1996年美国国会又重新启用该法案,给这个项目增加了3000万美元预算。但是,该项目在1997年和1998年的预算申请都被克林顿总统否决了。此外,除了美国军方以外,所有人都不支持动能反卫星计划,即使是负责军事卫星运行的空军官员也公开批评说,动能反卫星系统产生的碎片给己方太空资产带来的安全风险,远超武器运用所带来的军事价值。

20世纪80年代至90年代美苏反卫星相关事件

5. 21世纪初——美国重燃对天基武器和反卫星能力的兴趣

21世纪初,美国政府为有效控制太空,实施了一系列更为激进的行动。首先是起草了军事指挥重组设想,以及发展和部署反卫星武器、天基武器的相应文件。2002年6月，美国单方面退出《反弹道导弹条约》。此外，美国部署了卫星干扰系统、陆基中段导弹防御拦截器（该系统被认为有能力摧毁大多数低地球轨道卫星），并提议建立具备反卫星能力的天基导弹防御"试验台"。

受苏联解体影响，苏联各加盟共和国国力大幅下降，俄罗斯成为了唯一保留政府太空计划的苏联国家。相较于苏联，俄罗斯的军事发射活动大幅减少，但商业发射次数却不断增长。与此同时，俄罗斯还试图与美国开展导弹防御相关领域的合作，并始终遵守暂停反卫星武器试验的规定。俄罗斯的这种状态一直持续到2008年美国海基反卫星试验。

在小布什总统任期内，美国政府扩大了太空相关技术的研究范围，并且还增加了资金投入，研究内容包括改进太空物体跟踪技术、改进航天发射和推进技术、研制轻型传感器和杀伤飞行器等。此外，高能激光技术也获得了大量的资金支持，研究的内容包括激光辐射穿透大气层技术，以及机载反卫星激光武器的小型化技术等。此时，卫星技术在朝着微型化和轻量化方向发展，卫星自主交会能力也在持续增强。虽然这些技术有助于确保卫星在轨运行安全，但同时也能够用来开发太空地雷（可以跟踪目标卫星的小型航天器，然后机动到足够近，以破坏或摧毁它）等新型太空武器。这段时间里，美国反卫星技术的进展主要有以下方面：

（1）干扰卫星技术。美国对卫星上下行链路的干扰技术得到了发展。目前，美国和俄罗斯可能都具备干扰地球同步轨道的能力，特别是针对一些非军事目标。2002年，美国部署了陆基反卫星通信系统，但这套系统的技术细节和能力指标仍处于保密状态。

案例六 俄罗斯频繁开展反卫星测试——太空斗争愈演愈烈

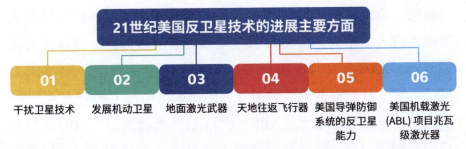

21世纪美国反卫星技术发展

（2）发展机动卫星。机动卫星是接近或接触目标卫星的卫星，运用该技术后，就可以综合运用其他手段，造成目标卫星的暂时性损害或永久性损伤。该方法技术含量低，不会发生爆炸，也不会产生太空碎片，因此各个国家都在竞相发展此类技术。目前美国商业卫星 MEV 在该领域走到了前列。

（3）地面激光武器。低功率激光可以使高分辨率侦察卫星的传感器致盲；在更高的功率下，短时间照射在卫星传感器上的激光可以使卫星部分失明；此外，如果高能激光器的光束在卫星上停留的时间足够长，可能会导致卫星过热从而损坏卫星的结构。虽然陆基激光反卫星系统在运用上还存在诸多缺陷，但美国和其他国家对相关技术的研究仍在继续。

（4）天地往返飞行器。由于美国空军目前尚未公开"X-37B"天地往返飞行器的相关计划，根据国际观察人士推测，该飞行器极有可能是反卫星或天基武器试验平台。

（5）美国导弹防御系统的反卫星能力。导弹防御系统的目的是摧毁弹道导弹弹头，而弹道导弹的飞行速度和高度与卫星相当，因此该系统也具备反卫星能力。部署在美国阿拉斯加中部格里利堡和加州范登堡空军基地的陆基中段防御（GMD）拦截器，其目的是在大气层上空拦截目标。拦截器是由一个三级火箭助推器组成，携带有机动所需的燃料和一个红外传感器，拦截器经火箭助推进入太空后，传感器引导拦截器瞄准目标，并直接撞击摧毁目标。2008年2月，美国在240千米高空摧毁了一颗美国卫星，展示了其"宙斯盾"弹道导弹防御系统的反卫星能力。

（6）美国机载激光（ABL）项目兆瓦级激光器。ABL项目的目标是制造一种兆瓦级的激光器，这种激光器体积小，可以搭载在飞机上，而且强大到足以摧毁助推阶段的导弹，也可以用于攻击和破坏低空卫星。2011年底，美国导弹防御局宣布终止机载激光武器研发项目。尽管ABL项目已经被终止，但通过实施此项目，美国在激光器技术、能源制备和光束控制等领域均取得长足发展，为其新型机载激光武器的发展打下了坚实基础。

参考文献

[1] 陈银娣. 印度武器装备发展概述[J]. 国防, 2010(4): 64-67.

[2] 徐璐明. 美国太空军称俄罗斯再次进行反卫星测试发射直接上升式反卫星导弹[EB/OL]. (2020-12-17) [2022-12-27]. https://news.sina.cn/gj/2020-12-17/detail-iiznezxs7365347.d.html?from=wap.

[3] 夏昊, 胡瑞智. 投棋布子, 俄罗斯反卫星试验频频[N]. 解放军报, 2019-07-12(009).

[4] 张雪松. 俄罗斯的太空卫士——从Nudol导弹看俄罗斯反卫星武器发展[J]. 军事文摘, 2016(15):32-35.

[5] GREGO L. A History of Anti-Satellite Programs[R]. Cambridge: Union of Concerned Scientists, 2012.

案例七　俄罗斯摧毁在轨卫星
——电影《地心引力》在现实上演

这次，俄罗斯击中了一颗真正的在轨卫星。

一、案例概述

2021年11月15日，据美国太空司令部官网报道，俄罗斯于当天发射了1枚陆基直升反卫星（DA-ASAT）导弹，击中并摧毁约485千米高度低地球轨道上1颗俄罗斯（苏联）"宇宙-1408"卫星。据美国太空司令部官方声明透露，该事件已产生超过1500个可跟踪太空碎片，可能还产生了数十万个微型太空碎片，将对"国际空间站"及其他国家卫星安全运行构成严重威胁。

本案例介绍了2021年11月的俄罗斯直接上升式反卫星试验，分析事件发生的背景和事件始末，将俄乌危机和白波边境移民危机与俄罗斯反卫星事件联合分析，剖析了太空战略对地缘政治的影响，引导读者全面、系统地认知太空行动。

二、案例详情

美国宇航员马特·库沃斯基和女博士莱恩·斯通搭乘"探索者号"航天飞机执行STS-151任务，以修复哈勃望远镜。出舱执行修复工作期间，俄罗斯发射导弹击毁其一颗废弃的间谍卫星，爆炸产生的碎片击毁大量航天器并冲向"探索者号"航天飞机，将其与哈勃望远镜一同撞毁。这是美国2013年科幻大片《地心引力》的开篇剧情，令人没想到的是，8年后，剧情在现实中上演。

2021年11月15日，根据国外商业卫星监测数据以及美国军方相关信息，俄罗斯于当地时间15日在首都莫斯科以北800千米的普列谢茨克航天发射场发射了1枚A-235"努多利"导弹，击中并摧毁了1颗1982年苏联发射已失效的电子侦察卫星——"宇宙-1408"卫星。

随后，美国国务卿发表新闻声明："2021年11月15日，俄罗斯鲁莽地对本国的一颗卫星进行了直接上升反卫星导弹的破坏性试验。迄今为止，这项试验已经产生了一千五百多件可追踪的轨道碎片，并可能产生数十万件较小的轨道碎片。这次危险和不负责任的试验产生的长寿命碎片将威胁到卫星和其他太空物体，这些物体在未来几十年内对所有国家的安全、经济和科学利益至关重要。此外，它还将大大增加国际空间站和其他载人航天活动对宇航员的风险。所有寻求为和平目的探索和利用外太空的行为者的安全和保障都因这次试验而受到威胁。2021年11月15日的事件清楚地表明，俄罗斯不顾反对外太空武器化的主张，企图危害外太空的长期可持续性，危害各国探索和利用外太空。美国将与我们的盟国和伙伴合作，寻求对这一不负责任的行为作出反应。我们呼吁所有负责任的航天国家与我们一起努力制定负责任的行为规范，并避免进行像俄罗斯那样的危险和不负责任的破坏性试验。"如下图所示，来自Numerica公司的雷达图像显示了2021年11月15日俄罗斯反卫星撞击之前和之后的"宇宙-1408"卫星情况。

美国太空司令部发表声明，快速运动的碎片云对中国空间站和国际空间站（ISS）构成了威胁，目前国际空间站的7名宇航员，包括4名美国宇航员、2名俄罗斯宇航员和1名欧空局宇航员，在周一15时躲进SpaceX公司的载人龙飞船和俄罗斯联盟飞

案例七　俄罗斯摧毁在轨卫星——电影《地心引力》在现实上演

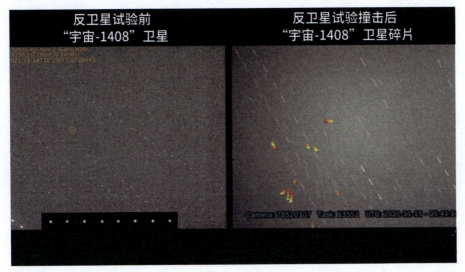

撞击之前和之后的"宇宙–1408"卫星

船进入避难状态,随时准备撤离国际空间站。7名宇航员在飞船内待了约2小时。

"我对这种不合理的行为感到愤怒,"美国航空航天局局长比尔·尼尔森说。"俄罗斯载人航天有着悠久而传奇的历史,不可思议的是,这次反卫星试验不仅会危及国际空间站上的美国和国际合作伙伴宇航员,还会危及他们自己的宇航员安全。他们的行为既鲁莽又危险,更不用说对中国空间站和宇航员的威胁了,"尼尔森说。"所有国家都有责任防止有目的地制造反卫星太空碎片,并创造一个安全、可持续的太空环境。"

北美防空司令部在官网（https：//www.space-track.org/）上发表声明:"第十八太空控制中队（SPCS）已经确认"宇宙–1408"卫星解体。数据显示,解体发生在2021年11月15日。截至2021年11月15日世界时间17时20分,第十八太空控制中队估计其至少产生了1500个关联碎片,所有这些碎片都被纳入日常联合评估,以支持航天飞行安全。

试验当天,俄罗斯官方没有发表回应,只有俄罗斯空间站指挥官什卡普列罗夫周一在推特上写道:"朋友们,我们的一切都是正常的!我们将继续按照计划工作。"

试验的第二天,俄罗斯国防部证实了在太空中进行了反卫星导弹试验。"我们确实成功地测试了一个有前途的系统。它以剃刀般的精确度击中了一颗废旧卫星。"并称,"美国肯定知道,由此产生的碎片在测试时间和轨道参数方面没有也不会对空间站、航天器和太空活动构成威胁。"

三、案例分析

(一)"努多利"系统以前没有摧毁过真实的目标

在过去的几年里,俄罗斯已经进行了至少十次被怀疑是直接上升反卫星(DA-ASAT)系统的试验,但是这些试验都没有摧毁一个真实的太空目标。2021年11月15日的这次试验,是第一次用"努多利"系统击毁在轨卫星。

下表为已知的"努多利"系统试验情况,从表中可以看出许多有意思的规律。"努多利"系统试验大多数情况下每年进行两次,在下半年的试验中,奇数年通常在11月15日左右进行,偶数年在12月16日左右进行。如果有人仔细分析俄罗斯的反卫星试验情况,也许可以预测出俄罗斯在2021年的反卫星试验。

(二)俄罗斯为什么开展本次反卫星试验

俄罗斯国防部在回应美国指控俄罗斯为国际空间站制造风险时表示,美国国务院和五角大楼呼吁制定"全球社会在探索

已知的"努多利"系统试验情况

序号	日期	到达高度	结果
1	2014.08.12	1千米	发射后不久失败
2	2015.04.22	0千米	发射失败
3	2015.11.18	100千米	疑似火箭测试
4	2016.05.25	10千米	疑似火箭测试
5	2016.12.16	100千米	疑似火箭测试
6	2018.05.26	100千米	疑似拦截器测试
7	2018.12.23	500千米	疑似拦截器测试
8	2019.11.15	未知	未知
9	2020.04.15	500千米	疑似拦截器测试
10	2020.12.16	500千米	疑似拦截器测试
11	2021.11.15	500千米	击中真实目标

外太空时将使用的普遍规范"是虚伪的,"多年来,俄罗斯联邦一直呼吁美国和其他太空大国签署一项关于防止在外太空部署武器的条约。该条约的草案已提交给联合国,但美国及其盟国正在阻止该协定的签署。"俄罗斯认为美国一直在努力实现太空军事化,并指出美国太空司令部的成立及其新太空战略的主要目标就是创造"太空综合军事优势"。甚至在美国宣布成立太空司令部之前,美军就一直在积极开发和测试轨道上各种类型的最新打击作战武器,包括秘密开展无人驾驶"X-37B"飞行器的测试等。

俄罗斯将美国方面的这些行动视为是一种威胁。在这种情况下,俄罗斯国防部正在持续实施各项太空计划,加强其防御能力,以降低俄罗斯的国家安全和太空安全突然受到损害的可能。

四、案例启示

太空试验影响着国际战略格局

1890年,美国战略家马汉发表《海权论》——谁赢得了海洋谁就赢得了世界。从中世纪欧洲大航海时代开始,广阔的海洋激发着人们不断地探索。那时,人们将地缘政治更多地关注放到了海上。随着人类探索太空的步伐加快以及各国航天技术的发展,太空越来越具有重要的地缘政治价值。自太空时代开始以来,各国太空战略就一直以追求政治和经济利益为目标。地缘政治涉及国家应该如何在太空采取行动,以增加其在国际舞台上的影响力。谁控制了外太空,谁就控制了世界这个意义上说,地球上的安全取决于太空的安全,而太空安全是由国家对战略资产的控制来确保的,由此太空行动在战略威慑方面确实发挥着核心作用。

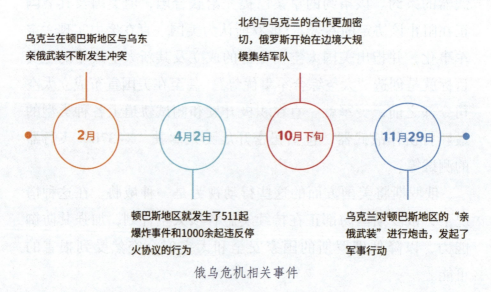

俄乌危机相关事件

结合俄罗斯当时所面临的国际形势，俄罗斯的反卫星试验恰好是在俄乌危机和白波边境移民危机持续发酵的时间点，俄罗斯试图以发射反卫星导弹作为"非对称"威慑措施之一，配合集安组织大规模演习和公开新型核潜艇列装计划等，对美国等西方国家形成有效战略反制。这不仅是在特定时间以特定形式进行军事威慑，更是作为地缘政治的一部分，深远地影响着国际战略全局。

附录 苏联/俄罗斯直接上升式反卫星武器

直接上升式反卫星武器是使用地面、空中或海上发射的火箭将动能拦截器送入太空，动能拦截器在与火箭分离后，使用制导、导航和控制系统来识别和跟踪太空目标，并微调其轨道，通过高速撞击方式摧毁目标。直接上升式反卫星武器非常类似于中段导弹拦截器，不同之处在于中段导弹拦截器防御的目标是即将打击地面的弹道导弹。在前文中提到，苏联以及俄罗斯的反卫星项目主要集中在共轨反卫星系统中，但同时也在发展直接上升式反卫星相关技术。

1. "努多利"反卫星武器（美国称为"PL-19"）

在1989年，苏联的A-135导弹防御系统投入使用。最初，该系统包括大气层外和大气层内两种导弹拦截器，它们都是发射井发射，并使用了1万吨核弹头来摧毁目标。大气层外的拦截器具有反卫星能力，并于2007年退役。

"努多利"反卫星武器是一种可在大气层外作战的直接上升式反卫星武器，具有移动发射能力。

2009年8月，俄罗斯空天防务公司Almaz-Antey与俄罗斯国防部签署"努多利"项目合同。

A-235导弹防御系统被用以替代A-135导弹防御系统，在20世纪80年代中期首次浮出水面。"努多利"反卫星武器被广泛定义为A-235导弹防御系统的一部分。

"努多利"反卫星武器继承了A-135导弹防御系统的一些特点，但使用的是常规武器而不是核弹头拦截器。

"努多利"反卫星武器

A-235导弹防御系统是A-135导弹防御系统的替代设计，在

20世纪80年代中期首次出现。2009年8月，俄罗斯空天防务公司Almaz-Antey与俄罗斯国防部签署了一份名为"努多利"项目的合同。虽然"努多利"继承了A-135导弹防御系统的一些特点，但它使用的是常规武器而不是核弹头拦截器。许多资料认为"努多利"反卫星武器就是A-235导弹防御系统的一部分。

受限于俄罗斯尖端军事装备的高度保密性，外界极难了解"努多利"反卫星武器的详细信息。只是根据反卫星导弹的报道，了解到它是一种可在大气层外作战的直接上升式反卫星武器。Almaz-Antey公司曾发布过一张罕见的防空导弹三用车照片，外界猜测这就是"努多利"导弹。

2. 78M6 Kontakt（也被命名为"30P6"）

这是苏联时期的一种空射导弹系统，发射平台为米格-31D。在1980年，至少有6架这样的飞机被建造完成，计划使用飞机装载一种名叫79M6 Kontakt的反卫星导弹。这种反卫星导弹设计携带2种型号的拦截器：一种拦截器能够打击120~600千米轨道上的目标；另一种拦截器能够打击1500千米高度的目标。

2009年，俄罗斯空军宣布恢复使用米格-31作为反卫星发射平台。这表明俄罗斯努力在不久的将来，上线Kontakt导弹的升级版本。

3. S-500反弹道导弹系统

S-500反弹道导弹系统是俄罗斯导弹防御能力最先进的新一代空天防御系统，是世界新型防空防天反导一体化的综合武器系统。S-500反弹道导弹系统可抗击飞机、近空飞行器、中近程弹道导弹，还能攻击卫星、远程弹道导弹等。2021年，俄罗斯国防部接收首批S-500反弹道导弹系统。

参考文献

[1] KURKOWSKI S.Russia has put its own cosmonauts and NASA/ESA astronauts at risk after Anti-Satellite test[EB/OL].(2021-11-16)[2022-12-27].https://spaceexplored.com/2021/11/16/russia-has-put-its-own-cosmonauts-and-nasa-esa-astronauts-at-risk-after-anti-satellite-test/.

[2] KELVEY J.This could be why Russia blew up its own satellite[EB/OL].(2021-11-16)[2022-12-27].https://www.inverse.com/science/why-did-russia-blow-up-its-own-satellite.

[3] LITOVKIN N.Why Russia shot down its old satellite and what weapon was used[EB/OL].(2021-11-16)[2022-12-27].https://www.rbth.com/science-and-tech/334418-why-russia-shot-down-satellite.

[4] 刘威. 俄乌边境冲突始末及背后的博弈 [J]. 军事文摘,2021(11):28-32.

[5] 李相影,万家宁,夏振宁. 透过俄乌冲突看混合战争美俄角力 [N]. 解放军报,2021-09-02(007).

[6] 金一南,周宇婷. 金一南：俄罗斯准备入侵乌克兰？ [Z].2021.

[7] ANDERSON G.Russia's Satellite Weapon Gambit Was More Than Just a Test[EB/OL].(2021-12-06)[2022-12-27].https://www.realclearscience.com/articles/2021/12/04/russias_satellite_weapon_gambit_was_more_than_just_a_test_806392.html.

[8] ILYUSHINA M.Russia defends anti-satellite missile test that U.S. called "reckless and dangerous" [EB/OL].(2021-11-16)[2022-12-27].https://www.cbsnews.com/news/russia-space-missile-test-satellite-debris/.

第三篇　天基反卫星试验

在科幻电影《星球大战》中，交战双方分别操控航天器在太空缠斗，这是卫星与卫星之间战斗的设想。天基反卫星就是利用发射到太空中的航天器去袭扰、破坏敌方的卫星。近年来，美俄多次在近地轨道和地球同步轨道测试定位、跟踪、接近、交会和拦截卫星的技术，提升轨道隐身、机动、操控、攻击能力，太空上演了一幕幕追逐与反追逐、攻击与反攻击的大戏。

天基反卫星，一方面对航天器的轨道机动、姿态控制和测控能力提出很高要求，需要己方航天器具备一定的在轨攻击能力；另一方面对掌握别国航天器的飞行轨道也提出很高要求，需要根据对方航天器的最新位置及时调整己方航天器的拦截轨道。

案例八　俄罗斯神秘卫星频繁变轨交会
——太空暗战悄然酝酿

俄罗斯军方发射的一个神秘物体，在太空中进行了一系列"令人迷惑不解"的动作，令西方紧张不已，猜测俄罗斯重启反卫星计划。

一、案例概述

2014年5月，俄罗斯将三颗"泉水"（Rodnik）低轨通信卫星送入太空，用以扩大其现有军用通信卫星网络。但在火箭发射后，从火箭本体分离出了除3个卫星之外的另一个神秘物体。该物体在分离后表现异常活跃，在进行了一系列变轨操作后，最终与发射它的火箭末级残骸进行了近距离交会。

俄罗斯发射该神秘物体并实施了一系列变轨抵近操作，引起了美国和英国等国的高度关注和新闻媒体的大幅报道。美国军方将该物体命名为"Object 2014-028E"，并持续进行严密的跟踪监视。

研究本案例，对俄罗斯于2014年实施的卫星连续变轨接近试验进行详细梳理分析，全面了解该试验实施的背景、过程和有关影响。通过案例剖析，了解掌握俄罗斯的卫星太空操控、非合作目标观测、太空试验实施等有关能力，一探俄罗斯在太空领域的"卧薪尝胆"和雄心壮志，这也进一步体现太空的重要性，也反映出了当前太空中激烈的竞争态势，启示我们要及早开展太空领域布局，进行前沿和颠覆性技术研究，获取太空生存空间与优势，确保太空开发和利用的主动权。

二、案例详情

（一）基本情况

2014年初，乌克兰爆发政变，推翻了亲俄的亚努科维奇政府，乌克兰全面倒向西方。同年3月16日，克里米亚地区通过公投申请加入俄罗斯联邦。3月18日，俄罗斯总统普京在克里姆林宫与克里米亚议长总理签署了克里米亚入俄条约，至此，原属于乌克兰的克里米亚以联邦主体的身份加入了俄罗斯。也正是这一天，俄罗斯实际接管了位于黑海的克里米亚半岛。虽然乌克兰不承认这一条约，国际社会对这一情况也持普遍反对意见，但在事实上，乌克兰已经失去了位于黑海的这个至关重要的半岛。

在俄乌局势异常紧张的时期，北京时间2014年5月23日13时27分，俄罗斯在普列谢茨克航天发射场使用"轰鸣号"运载火箭发射了3颗"泉水"低轨军事通信卫星，分别为"宇宙-2496"卫星、"宇宙-2497"卫星和"宇宙-2498"卫星。除了这3颗公布的通信卫星外，1个未知物体也随此次发射一并升空，该物体起初被归类为太空垃圾，国际代号2014-028E，但随着时间推移，该物体表现异常活跃。自当年7月初，开始进行轨道调整，在7月至8月两个月的时间内连续变轨近10次，之后在保持轨道相对平稳近2个月后，又分别进行了2次大范围变轨控制，最终与同期发射的运载火箭箭体残骸轨道重合。

这个神秘物体引起了美国和英国等国的高度关注，美国对其实施了严密的跟踪监视，并认为其为一颗具有快速机动能力的卫

星，将其命名为"宇宙-2499"，并对其相关信息进行了多次公布和新闻报道，引起了世界关于"俄罗斯卫星杀手计划重启""太空武器化"的担忧。

2014年初	乌克兰爆发政变，推翻了亲俄的亚努科维奇政府，全面倒向西方。
3月16日	克里米亚通过公投申请加入俄罗斯联邦。
3月18日	俄罗斯总统普京在克里姆林宫与克里米亚议长总理签署了克里米亚入俄条约，至此，原属于乌克兰的克里米亚以联邦主体的身份加入了俄罗斯。同日，俄罗斯实际接管了位于黑海的克里米亚半岛。
5月23日	俄罗斯在普列谢茨克发射基地使用"轰鸣号"运载火箭发射了3颗"泉水"低轨军事通信卫星（"宇宙-2496"、"宇宙-2497"和"宇宙-2498"），1个未知物体也随此次发射一并升空，国际代号2014-028E。
7月初	该神秘物体自7月初即开始进行轨道调整，在7月至8月两个月的时间内连续变轨近10次，之后在保持轨道相对平稳近2个月后，又分别进行了2次大范围变轨控制，最终与同期发射的运载火箭箭体残骸轨道重合。美国将其命名为"宇宙-2499"。

事件过程

（二）美国军方公布信息分析

美国防空司令部对此次发射公布信息情况如下：

（1）5月24日开始公布本次发射共产生5个目标，分别以OBJECT A-OBJECT E命名，并开始公布TLE轨道根数；

（2）5月28日起从中判别了3颗卫星（"宇宙-2496"、"宇宙-2497"和"宇宙-2498"）和1个箭体（BREEZE-KM R/B），另一个目标公布为Object E（编号为39765）；

（3）10月1日将编号为39765的目标命名为BREEZE-KM 碎

片,而10月3日又将其名称改为Object E;

(4) 10月22日公布编号为39765的目标为"宇宙 –2499"。

三、案例分析

(一) "卫星杀手"的回归

美国《国际财经时报》称,俄罗斯神秘太空物体引发集体恐慌,国际社会担心俄罗斯恢复其卫星摧毁计划。因俄罗斯从未发布过该卫星项目的任何消息,而该神秘太空物体在太空中的飞行轨迹又如此怪异,这使得人们对这个物体的真实目的感到好奇。

美国《华盛顿邮报》报道称,俄罗斯神秘的太空物体有可能代表着"卫星杀手"的回归,它很有可能会开启太空军事化的最新篇章。报道称曾经有不少人认为随着苏联的瓦解,"卫星杀手"计划早已烟消云散,但现在人们已经开始承认,"卫星杀手"计划又重新回归。

英国广播公司网站发表题为《俄罗斯测试"卫星捕手"》的报道称,观察人士表示俄罗斯可能在测试一种能够追赶其他在轨运行的太空飞行器的卫星,这种技术既可以用于修复出现故障的航天器,也能够使这些航天器失灵,甚至摧毁它们。英国《金融时报》报道称,这个"神秘物体"曾经一度被认为是从火箭箭体上剥离的太空碎片,但该物体在发射入轨的数月内,突然具备了在轨机动能力,这引发了各方关于俄罗斯重启冷战时期的太空武器计划的疑虑,美国军方和西方太空力量目前正在密切监视这个"神秘物体"的动静。

(二) 俄罗斯不是唯一拥有太空中"卫星杀手"的国家

该事件引发西方媒体广泛关注后,俄罗斯军方始终保持沉默。俄罗斯媒体也只有极为少量的消息。俄罗斯 BFM 网站 11 月 18 日援引一名专家的分析认为，在其他大国对太空目标的拦截技术取得进展，以及俄罗斯与西方关系持续恶化的背景下，俄罗斯进行太空相关试验行为是合乎逻辑的。

俄罗斯《莫斯科时报》网站 11 月 18 日发表题为《俄罗斯不是太空中的唯一"卫星杀手"》的报道称，一个俄罗斯飞行器在太空中执行典型的卫星杀手动作，引发了人们对俄罗斯的军事挑衅可能很快会延伸至对太空的担忧，但是俄罗斯并不是唯一发展太空灵活机动能力的国家。

资深业余卫星追踪者罗伯特·克里斯蒂通过电话对《莫斯科时报》记者表示，在俄罗斯与西方因乌克兰问题摊牌的背景下，俄罗斯神秘飞行器的此类行为看起来是个不祥之兆，但所有航天大国（俄罗斯、中国和美国）都在发展类似能力。

（三）俄罗斯轨道机动试验频繁

无独有偶，俄罗斯历史上也进行过类似的试验。北京时间 2013 年 12 月 25 日 08 时 35 分，俄罗斯在普列谢茨克航天发射场使用"轰鸣"（Rockot/Briz-KM）火箭发射了 3 颗低轨军事通信卫星，分别为"宇宙-2488"卫星、"宇宙-2489"卫星和"宇宙-2490"卫星，除 3 颗卫星和 1 个火箭箭体残骸外，此次发射还有 1 个小型物体（编号为 39497）。起初美国防空司令部将这个小物体命名为火箭箭体碎片（BREEZE-KM DEB），但到了 2014 年 5 月，俄罗斯宣布此次发射任务将 4 颗卫星送入轨道，随后美国防空司令部将这个小物体重新更名为"宇宙-2491"。"宇宙-2491"卫星与本案例中的"宇宙-2499"卫星类似，可能为"宇宙-2499"卫星的先期试验星。

俄罗斯轨道机动试验

四、案例启示

太空领域是大国竞争的重点领域，是先进科学技术的聚集地。

（一）俄罗斯具有较强的太空态势感知和太空操控能力

通过美国公布的相关数据，俄罗斯神秘卫星的尺寸可能不超过1米。俄罗斯神秘卫星累计变轨十余次，最大变轨距离近百千米，这表明其轨道机动能力很强；此外，该卫星最终与同期发射的火箭箭体残骸交会并共轨运行，最近距离仅百米量级，同时考虑到火箭箭体残骸为非合作目标，这也体现了俄罗斯非合作目标测量预报精度高，太空操控技术成熟度高等特点。

（二）俄罗斯从未放弃太空新技术研究，持续谋求太空主动权

通过分析可以看出，俄罗斯于2014年前就已经开始进行小型卫星、太空操控等新技术的研究论证，并进行了实践运用，这表明俄罗斯在有计划地发展轨道机动相关技术。到目前为止，俄罗斯应该已经具备了一定的技术储备和积淀，并且极有可能已形成某些颠覆性科学技术，有力地支撑起其谋求制天权的战略意图。

同时，俄罗斯善于利用时机，在太空适时亮剑，在当时俄乌局势异常紧张、欧美国家集中对俄罗斯进行经济制裁、美国开展太空试验的情况下，俄罗斯选准时机开展试验，既展示了其强大的太空实力，又给对手造成了一定的威慑作用。

（三）太空前沿及颠覆性技术研究势在必行

太空领域始终是大国竞争的重点领域，是先进科学技术的聚集地，是掌握制信息权的关键一环。美国、俄罗斯等航天大国都在悄然开展微纳卫星、星座星群、可重复使用运载火箭等太空新技术研究与试验，力争取得颠覆性技术突破，在太空谋求主导地位。作为航天大国，我国也需要及早布局太空，设计规划发展路线，开展关键、前沿、颠覆性技术研究，确保国家有能力保护己方太空资产、和平开发太空资源，将太空领域探索和运用的主动权牢牢掌握在自己手中。

附录一 "宇宙 –2499"卫星,是间谍还是杀手? 还是两者兼而有之?

2013年12月发射后,神秘的"宇宙–2499"卫星在太空上演了一场复杂的"舞蹈"。2014年11月,该航天器越来越接近它在太空中的目标,这可能是其秘密任务的高潮。全世界的太空观测者都屏住了呼吸,期待着这一切!

1. 神秘发射

莫斯科时间2013年12月25日4时31分54秒,一艘火箭从位于俄罗斯普列谢茨克的北部发射场升空,发射一组卫星来补充"泉水"通信卫星星座。自2005年以来,"泉水"星座一直安稳地在轨道上运行。这次任务看起来平平无奇。

在此之前,"泉水"星座已经进行了6次发射。不同的是,前6次发射,火箭都只携带了3颗小型"泉水"卫星,而2013年12月25日的这次发射,火箭还将第4颗物体释放到轨道上,国际上一度把这个物体认定为火箭碎片。令人惊讶的是,在2014年5月5日给联合国的一份说明中,俄罗斯政府宣布本次发射了4颗卫星,它们分别获得了"宇宙–2488"、"宇宙–2489"、"宇宙–2490"和"宇宙–2491"的编号。这表明第4个物体并不像最初认为的是一块太空垃圾,而是一颗功能正常的卫星。更加令人意外的是,各国通过雷达观测发现这个神秘的第4个物体已经进行了轨道机动。在2014年12月3日,荷兰业余无线电爱好者Cees Bassa也检测到了来自"宇宙–2491"卫星的S波段信号。

相同的故事在2014年5月23日再次上演。俄罗斯官方媒体援引俄罗斯空天部队代表的话说,一艘火箭于莫斯科时间9

时 27 分 54 秒从普列谢茨克航天发射场升空，携带着一组军用卫星。发射后不久，开发"泉水"卫星及其民用版本的公司 ISS Reshetnev 宣布，其 3 个有效载荷已成功到达轨道，并与地面控制建立了通信。

这 3 颗卫星被命名为"宇宙 –2496"，"宇宙 –2497"，"宇宙 –2498"。然而，与 2013 年 12 月 25 日的那次发射一样，第 4 个不明物体被发现在距离"泉水"卫星几千米远的轨道上运行。

尽管当时在美国官方目录中，这个神秘物体被命名为"碎片"（或 Object2014-028E，简称 Object E），但是太空观测人员通过对该物体轨道分析表明，这个神秘物体在 2014 年 5 月 29 日至 5 月 31 日之间进行了轨道机动，表明它确实是一颗卫星。6 月 24 日，这颗"幽灵"卫星再次开始机动，将其近地点降低了 4 千米，并将远地点抬高了 3.5 千米。此后的 7 月里，它持续地进行轨道机动，使其近地点高度急剧下降。根据这颗卫星的轨道特征，人们怀疑它意图接近将其送入太空的 Briz-KM 火箭末级残骸。

2. 它不是一只鸟，也不是一架飞机

地面观测表明，这颗卫星的尺寸不超过 0.3 米。如此小尺寸的一颗卫星，其真实目的究竟是什么，各界完全不清楚。这引发了世界范围的广泛猜测，诸如在轨检查、在轨燃料加注、太空维修甚至反卫星任务等，都符合这颗卫星的轨道机动行为。

3. 最后的相遇

8 月初，这颗卫星轨道降低到近地点 1121 千米、远地点 1491 千米的轨道上，恰好就处于 Briz-KM 火箭末级残骸的下方，当时该残骸正运行在近地点 1150 千米、远地点 1505 千米的轨道上。当时，根据专家估算，这颗卫星和 Briz-KM 火箭末级残骸彼此相距约 1/5 圈，卫星将以每天约 0.045 圈的速度追上该残骸。

8 月 12 日，这颗神秘卫星再一次将轨道降低至近地点 998 千米、远地点 1498 千米的轨道，8 月 20 日，它变轨进入了近地点 925 千米、远地点 1489 千米的轨道。经过这样一系列眼花缭乱的轨道机动，它与 Briz-KM 火箭末级残骸之间的轨道倾角差异也在慢慢缩小。10 月 28 日，当两个物体的轨道倾角几乎完全相同时，这颗神秘卫星抬升近地点"跃上舞台"。此时，卫星完全建立了与火箭末级残骸的交会条件，时间就在 11 月的某一天。

10 月底，美国正式将这个神秘物体重新归类为"有效载荷"而不是"太空碎片"，并最终将其命名为"宇宙-2499"，其运动过程如下图所示。

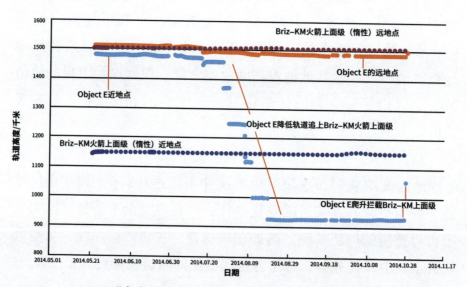

"宇宙-2499"卫星（Object E）运动过程

[一个神秘的 Object E 的近地点（轨道上的最低点）在 7 月和 8 月（浅蓝色线）迅速下降，使航天器能够赶上惰性的 Briz-KM 火箭上面级（深蓝色线），该级最初于 2014 年 5 月 23 日将其送入轨道。然后，在 10 月底，Object E 急剧地向后爬，似乎旨在拦截 Briz-KM 火箭上面级。]

Briz-KM 火箭上面级和 Object E 升交点赤经差如下图所示。

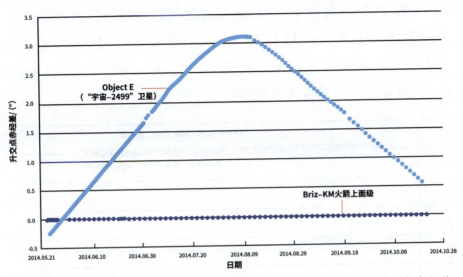

Briz-KM 火箭上面级（深蓝色）和神秘的物体 Object E（浅蓝色）升交点赤经差

4. 周末的交会

俄罗斯地面操控人员应该度过了一个繁忙的周末，因为这颗秘密卫星最终成功"拦截"了它的目标。在 11 月 8 日星期六至 11 月 9 日星期日之间，"宇宙-2499"卫星从其近地点 1053 千米、远地点 1495 千米的轨道迅速攀升，首先抬升到近地点 1108 千米、远地点 1498 千米的轨道，然后继续抬升到近地点 1152 千米、远地点 1503 千米的轨道，使其近地点和远地点与 Briz-KM 火箭末级残骸的轨道几乎完全一致。

《Novosti Kosmonavtiki》杂志的观测员估算，在莫斯科时间 11 月 9 日 11 时 24 分，"宇宙-2499"卫星与火箭末级残骸 Briz-KM 的最近距离不超过 3.1 千米，相对速度为每秒 6.3 米。

根据"宇宙-2499"卫星和 Briz-KM 火箭末级在交会时刻前后的轨道根数分析，该残骸没有任何轨道机动行为，而"宇宙-2499"卫星则进行了轨道微调，确保其在莫斯科时间11月9日8时48分以每秒4.6米的相对速度接近该残骸，两者的最近距离为0.76千米。到11月16日，"宇宙-2499"卫星持续在距离该残骸周围30千米的范围内飞行。"宇宙-2499"卫星和Briz-KM火箭上面级轨道高度变化情况如下图所示。

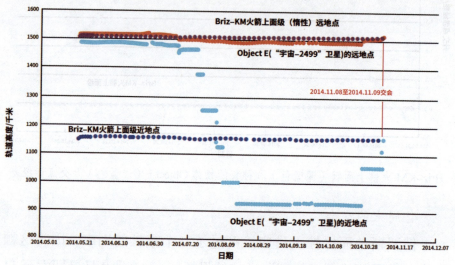

"宇宙-2499"卫星和Briz-KM火箭上面级轨道高度变化情况

5. 11月25日的再次邂逅

2014年11月25日，"宇宙-2499"卫星再次近距离接近Briz-KM火箭末级残骸。俄罗斯观测人员根据现有的轨道对这对卫星的运动进行建模表明，在莫斯科时间5时54分，"宇宙-2499"卫星以每秒0.064米的相对速度在该残骸周围526米的范围内运动。当日有大半天的时间里，"宇宙-2499"卫星始终处在距离该残骸半千米到1千米的范围内。

"宇宙-2499"卫星在以低于该残骸约20米的轨道高度绕地球飞行数天后，于2014年11月29日轨道抬升了几十米。1天后，俄罗斯业余无线电爱好者德米特里·帕什科夫（Dmitry

Pashkov）声称，这颗神秘的卫星开始用莫尔斯电码传输遥测数据（帕什科夫在2014年夏天首次发现了"宇宙-2499"卫星的神秘信号）。

6. 2015年新的机动行为

2014年12月15日，俄罗斯航天局局长奥列格·奥斯塔普科在年终新闻发布会上声称，"宇宙-2491"卫星和"宇宙-2499"卫星不是"杀手卫星"，这些卫星是俄罗斯航天局和俄罗斯科学院合作开发研制，均用于和平目的，包括教育机构的相关研究。奥斯塔普科说，"他们完成了任务。"但他没有详细说明是什么任务。

时间到了2015年初，"宇宙-2499"卫星在持续运行了7个半月后，仍然保持活跃状态。观测人员在《Novosti Kosmonavtiki》杂志的网络论坛上发文称，根据跟踪数据，"宇宙-2499"卫星又在缓慢接近Briz-KM火箭末级残骸，截至1月3日，两个物体之间的距离估计为98千米。

北美防空司令部的数据显示，在1月17日至1月20日期间，"宇宙-2499"卫星进行了小幅轨道抬升，可能是为了加速接近该残骸。然而，卫星的任何一次轨道机动幅度太小，地面雷达已无法准确识别机动量。截至1月22日，"宇宙-2499"卫星距离该残骸约40千米，根据两个目标的运行轨道，"宇宙-2499"卫星在3天后与该残骸交会，最终位于其后方10千米处。

1月26日，不安分的"宇宙-2499"卫星又进行了2千米的俯冲，通过降低其远地点，使其从下方迅速超过该残骸，飞至该残骸前方400千米处。1月28日，卫星再次"跳跃"到与该残骸相同的轨道高度，持续在其前方运行。"宇宙-2499"卫星和该残骸轨道高度变化情况如下图所示。

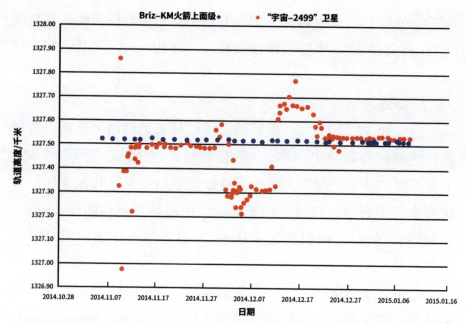

"宇宙-2499"卫星(红色)和 Briz-KM 火箭上面级(蓝色)轨道高度变化情况

7. 2016 年的发展

据《Novosti Kosmonavtiki》杂志报道,"宇宙-2499"卫星在 2015 年 2 月至 2016 年 3 月未进行任何轨道机动。在 2016 年 3 月 25 日,"宇宙-2499"卫星突然刹车机动。当时,该卫星在 Briz-KM 火箭末级残骸后方约 2,000 千米。本次机动使"宇宙-2499"卫星进入比该残骸更低的轨道上,使得"宇宙-2499"卫星开始缓慢接近该残骸,两者之间的距离每天缩短约 10 千米。截至 2016 年 6 月 7 日,Briz-KM 火箭上面级和"宇宙-2499"卫星的平均轨道高度如下图所示。

8. 2017 年,是什么让它再次动起来

在 2017 年初,"宇宙-2499"卫星再次恢复了轨道机动行为。相对较小的卫星尺寸,却拥有强大的轨道机动能力,使一些观测人员迫切想知道卫星所使用的推进系统类型。互联网上有些未经

案例八 俄罗斯神秘卫星频繁变轨交会——太空暗战悄然酝酿

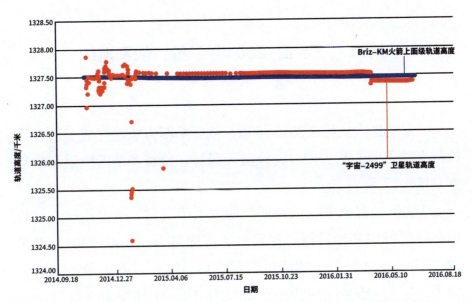

Briz-KM 火箭上面级（蓝色）和"宇宙-2499"卫星的平均轨道高度

证实的说法称，该卫星携带超高效的离子发动机来执行其复杂的轨道机动。

据估计，"宇宙-2499"卫星在 6 个月内的速度增量累计为 190 米/秒。假设"宇宙-2499"卫星的质量为 50 千克，如果其采用与民用卫星类似的发动机，比冲量约为 300 米/秒，那么"宇宙-2499"卫星的推进剂占据了近一半的质量。然而，如果卫星发动机可以提供每秒 2100 米的比冲，卫星只需要消耗 10% 的质量用于存储推进剂。

最重要的是，"宇宙-2499"卫星在轨期间进行过长达数小时的机动飞行，短时间机动能力达到 30 米/秒，目前离子电动发动机还达不到这种推进效果，这表明"宇宙-2499"卫星的推进系统应该还采用传统液体推进剂发动机。因此，"宇宙-2499"卫星可能用传统的发动机实现了惊人的性能。

附录二 "宇宙-2504"卫星，俄罗斯的另一颗"杀手卫星"？

美方消息人士称，2015年初，俄罗斯军方成功完成了新一代机器人航天器的初步测试，该航天器旨在检查和摧毁轨道上的敌方卫星。

从实际情况来看，俄罗斯新的"杀手卫星"确实能够非常接近在轨运行的其他目标。在发射了两颗名为"宇宙-2491"卫星和"宇宙-2499"卫星的测试卫星之后，这一系列中最新的航天器为"宇宙-2504"卫星，于2015年3月31日发射入轨，经过一系列机动后，在4月16日左右击中了测试目标。轨道机动在7月继续进行。

1. 发射"宇宙-2504"卫星

俄罗斯官方媒体报道，莫斯科时间2015年3月31日16时47分56秒，Briz-KM火箭从位于普列谢茨克航天发射场的133号站点升空，发射了3颗"信使-M"卫星11号、12号和13号，同时还发射了一颗机密的军事卫星。俄罗斯国防部证实了运载火箭上搭载了军用有效载荷，该有效载荷获得官方名称"宇宙-2504"。

西方雷达在近地点1172千米、远地点1506千米的轨道上检测到5个物体（可能是4颗卫星和Briz-KM火箭末级），轨道倾角为82.5°。在美国战略司令部的公共目录中，这些物体被命名为2015-020A、2015-020B、2015-020C和2015-020D。在后续过程中，2015-020A、2015-020B和2015-020C被证实为"信使-M"的3颗卫星，2015-020D被证实为"宇宙-2504"卫星。

在发射后的几个小时内,荷兰业余无线电爱好者 Cees Bassa 检测到 2015-020D 的无线电传输信号,这些无线电传输信号与以前的操控卫星——"宇宙–2491"卫星和"宇宙–2499"卫星的信号相同,这也为证实 2015-020D 就是"宇宙–2504"卫星提供了参考依据。

西方雷达数据显示,2015 年 4 月 9 日,"宇宙–2504"卫星进行了一次小幅轨道机动,从近地点 1171 千米、远地点 1505 千米的轨道过渡到近地点 1173 千米、远地点 1508 千米的轨道上。4 月 13 日,"宇宙–2504"卫星进行开始了一系列变轨,并最终与 Briz-KM 火箭末级交会。4 月 15 日晚,两个物体最近距离缩小至 4.4 千米,到了 4 月 16 日,两个物体的距离不超过 1.4 千米。

此外,在 4 月 16 日,无动力的 Briz-KM 火箭末级出现轨道略微攀升的迹象,这有可能是由于对接过程中的物理撞击造成。

到了 4 月底,两个物体再次分离,"宇宙–2504"卫星运行在原来的交会轨道上,Briz-KM 火箭末级在一个更高的轨道上运行。

2. 2015 年 7 月的新动向

根据观测爱好者在《Novosti Kosmonavtiki》杂志的在线论坛上发文,2015 年 7 月 2 日至 7 月 3 日,"宇宙–2504"卫星进行了一次突然的轨道机动,轨道高度下降了 53 千米,这颗卫星从近地点 1181 千米、远地点 1528 千米的轨道抬升到近地点 1124 千米、远地点 1476 千米的轨道,轨道倾角由 82.49° 略微变化到 82.68°。

直至 2015 年 10 月 8 日,"宇宙–2504"卫星持续向 Briz-KM 火箭末级移动,并在当月的剩余时间内保持在 Briz-KM 火箭末级附近。

3. "宇宙–2504"卫星在 2017 年和 2019 年充满活力

2017 年 3 月 27 日,神秘的俄罗斯军事卫星"宇宙–2504"卫

星突然恢复了机动，这再次引发了人们的广泛关注，与它上次成为头条新闻已经过去了近两年。值得注意的是，4月20日，"宇宙-2504"卫星距离1999-025DPP号物体最近约1183米。

2015年3月31日	"宇宙-2504"卫星于莫斯科时间16时47分56秒由Briz-KM火箭从普列谢茨克133号站点发射，并在Briz-KM火箭末级机动到"埋葬"轨道后分离。
2015年4月9日	"宇宙-2504"卫星进行了一次小型机动，从1171千米×1505千米的轨道过渡到1173千米×1508千米的轨道。
2015年4月16日	"宇宙-2504"卫星与Briz-KM火箭末级距离不到1.4千米，无动力的Briz-KM火箭末级显示出略微攀升的迹象，有可能是被有意推到更高的轨道或由于对接过程中的物理撞击造成。
2015年4月底	两个物体再次被探测到分离，"宇宙-2504"卫星仍然在原来的交会轨道上，Briz-KM火箭末级在一个明显更高的轨道上运行。
2015年7月2日至7月3日	"宇宙-2504"卫星进行了一次突然的机动，下降53千米，从1181千米×1528千米的轨道过渡到1124千米×1476千米的轨道。
2015年10月8日	"宇宙-2504"卫星向Briz-KM火箭末级移动，并在10月剩余时间内一直保持在附近。
2017年3月27日	神秘的俄罗斯军事卫星"宇宙-2504"卫星突然恢复了机动，是自2015年以来，它首次出现的明显机动。
2017年4月18日至4月19日	"宇宙-2504"卫星随后进行了另一次机动。
2017年4月20日	"宇宙-2504"卫星距离1999-025DPP号物体仅1183米，近地点从1145千米降低到627千米，远地点从1507千米略微降低到1502千米。
2019年11月	"宇宙-2504"卫星再次机动，将其近地点减少了约40千米，与新发射的"宇宙-2542"/"宇宙-2543"卫星的机动相吻合。

事件过程

随后在2017年4月18日至4月19日期间，"宇宙-2504"卫星多次进行轨道机动。直到2017年4月20日，卫星的近地点从3月30日的1145千米降低到627千米，远地点从1507千米略微降低到1502千米。更令人惊奇的是，这颗卫星的前身——"宇宙-2499"卫星也在同一时间进行了轨道机动。

2019年11月，"宇宙-2504"卫星再次机动，将其近地点再次减少了约40千米，这次它与当时刚刚发射的"宇宙-2542"/"宇宙-2543"卫星的轨道相吻合。

参考文献

[1] 2014 年俄罗斯吞并克里米亚事件中,俄罗斯的得失如何? [EB/OL].(2020-07-05)[2022-12-27].https://www.sohu.com/a/405896908_100259636.

[2] 俄神秘物体被疑卫星杀手 [J]. 中国航天,2014(12):2.

[3] 俄"卫星捕手"令西方紧张 外媒:中美都曾试验 [EB/OL].(2014-11-21)[2022-12-27].https://mil.news.sina.com.cn/2014-11-21/1022811988.html.

[4] ZAK A.Russian anti-satellite systems[EB/OL].(2019-10-26)[2022-12-27].https://www.russianspaceweb.com/naryad.html.

[5] ZAK A.Kosmos-2499:Is it a spy or an assassin or both?[EB/OL].(2017-04-16)[2022-12-27].https://www.russianspaceweb.com/Cosmos-2499.html.

案例九 对故障卫星抵近详查
——美 GSSAP 卫星崭露头角

"GSSAP-3 卫星和 GSSAP-4 卫星将显著增强我们在地球同步轨道上的物体特征识别能力",时任太空司令部司令雷蒙德将军说,"这给我们提供了有效控制太空的态势感知能力。"

一、案例概述

2016年6月,美国操控使用地球同步空间态势感知计划(geosynchronous space situational awareness,GSSAP)卫星接近其发动机故障的"MUOS 5"卫星,进行了近距离拍照和检查。自此,GSSAP 卫星的太空监视能力被世人所知。据统计该卫星自入轨以来,不断通过轨道机动监视他国卫星。由于地球同步轨道(GEO)上分布着通信导航、数据中继、导弹预警、电子侦察等大量战略卫星,美国对 GEO 的监视和控制对他国国家安全构成较大威胁。

研究本案例,了解 GSSAP 卫星的能力和作用,分析其在太空态势感知和太空操控技术中的应用模式,结合美国近距离交会和接近(rendezvous and proximity operations,RPO)技术的发展,深入思考在轨太空目标监视系统和 RPO 技术对共轨反卫星技术的影响。

二、案例详情

2016年6月24日,美国"Atlas V 551"火箭发射升空,发射后 3 小时，火箭将海军下一代窄带通信星座中的第五颗卫星"MUOS 5"（移动用户目标系统）送进了同步转移轨道。卫星计划进行为期一周的轨道抬升，最终将于 7 月 3 日到达夏威夷上空约 35400 千米的地球同步轨道测试地点。

然而在轨道转移进行到一半时，卫星主推进系统出现故障。卫星当时处于近地点 15250 千米、远地点 35700 千米的轨道上，轨道倾角 9.8°。就到达卫星目的地所需的速度变化来说，这个轨道大约是其预期地球静止轨道的一半。

为了更好地掌握"MUOS 5"卫星故障情况，空军的 GSSAP 巡视卫星被要求在"MUOS 5"卫星轨道的远地点与其交会，获取"MUOS 5"卫星推进系统的高分辨率图像，用以支持"MUOS 5"卫星的故障诊断。最终，根据 GSSAP 的图像数据，"MUOS 5"卫星主推进系统被证实永久损坏。根据诊断结果，卫星需要重新设计变轨方案。

9 月初，"MUOS 5"卫星开始使用其较小推力的姿态控制推进器来进行轨道机动。在六周的时间内，"MUOS 5"卫星累计进行了 26 次升轨控制后，于 10 月 22 日到达工作轨道。GSSAP 卫星支持"MUOS 5"卫星故障诊断的过程如下图所示。

那时起，美国军方承认 GSSAP 卫星将执行高轨交会和接近机动，以便近距离观察地球同步轨道上的航天器。2016 年 8 月 18 日，美国空军还表示，GSSAP 卫星可以提供卫星和太空物体的位置、轨道和尺寸。自此，GSSAP 卫星第一次公开露面，为众人所知。

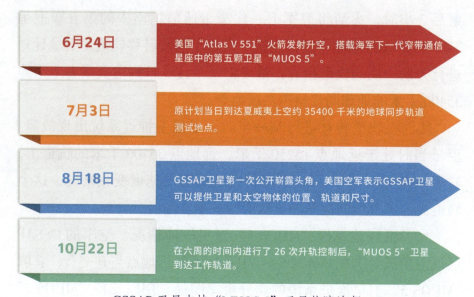

GSSAP 卫星支持"MUOS 5"卫星故障诊断

三、案例分析

（一）GSSAP 卫星

地球静止轨道上的态势感知已被美国国防部确定为识别和监测对美国太空资产潜在威胁的关键。地球同步空间态势感知计划（GSSAP），是由美国空军负责的一个太空监视卫星计划，由卫星星座组成，也可以与地面望远镜和雷达结合使用，用以跟踪太空物体并进行特征识别。

每颗 GSSAP 卫星的质量约为 650~700 千克，卫星可能携带大量的推进剂，以进行频繁的轨道调整。微小的脉冲控制使卫星以较低的相对速度靠近目标，从而能够开展有效观测。GSSAP 卫星被部署在地球同步轨道上，其优点是拥有一个清晰、无障碍和独特的有利视角，可以近距离观测同步带部署的卫星，而不像地面部署的设备会受到天气或大气折射的干扰。

GSSAP漂移运行在同步带上下两侧，可监视和逼近各国运行在GEO的所有卫星。2014年7月28日，前2颗GSSAP卫星发射进入地球静止轨道附近的运行轨道，轨道倾角0.5°。2016年8月，第3颗和第4颗GSSAP卫星发射升空，与先期入轨的2颗GSSAP卫星在轨组网。2017年9月，美国施里弗空军基地第一太空作战中队验收了GSSAP-3卫星、GSSAP-4卫星，宣布这两颗卫星转入正式运行。GSSAP-3卫星、GSSAP-4卫星与2014年发射的GSSAP-1卫星、GSSAP-2卫星实现四星星座组网后，大幅提高美国对GEO上运行卫星的持续监视与抵近侦察能力，为美军提供执行太空作战所需的太空态势感知能力。2022年1月，美国发射了GSSAP-5卫星与GSSAP-6卫星，以替换退役的GSSAP-1卫星、GSSAP-2卫星。

（二）美国随意接近和监视他国卫星

虽然美国军方最初没有提供任何有关GSSAP卫星位置或机动的公开数据，但其他跟踪数据来源显示，它们在GEO区域非常活跃。由俄罗斯科学院控制的ISON太空目标监测网络收集的数据表明，自2014年以来，GSSAP卫星进行了数百次机动，在地球同步轨道上以10～15千米的距离靠近了12颗正在运行中的卫星，在接近它们的过程中还实施了变轨机动。这些卫星包括俄罗斯民用航天器"Ekspress-AM8"（2017年7月）和"光线"（2017年9月）以及军方设备"钟声"（俄罗斯代号"宇宙-2520"，2017年10月）、"彩虹-1M3"号（2017年11月）和"彩虹-1M2"号（2018年5月），如下图所示。

根据俄罗斯的消息来源，在一些近距离接近过程中，GSSAP卫星在短时间内还进行过许多小的相位调整。频繁机动使得GSSAP卫星的行为意图很难研判，这可能会导致其他国家对安全

GSSAP 抵近侦察的俄罗斯卫星

形势的误判。俄罗斯消息来源还声称，GSSAP 卫星在接近美国军事通信卫星"WGS 4"期间进行了超过 14 次单脉冲和双脉冲机动，这引发了人们对它是否在测试共轨技术的担忧。

（三）GSSAP 卫星的姐妹卫星——ANGELS 卫星

美国空军宣布，在发射前两颗 GSSAP 卫星时，还将另一个 RPO 技术项目卫星一同发射入轨，这颗卫星被称为区域空间自主导航制导试验项目"天使"（ANGELS）。ANGELS 项目的目的是获取美国重点同步轨道卫星的照片。发射过程中，"Delta-4"火箭的上面级首先将两颗 GSSAP 卫星送入静止轨道后，继续轨道抬升到同步带上方几百千米处，再分离出 ANGELS 卫星。在分离后的一段时间里，ANGELS 卫星进行了一系列变轨并多次接近"Delta-4"火箭的上面级，最近距离在几千米内。俄罗斯跟踪消息来源显示，在 2016 年 6 月 9 日进行的一次近距离接近中，上面级也进行了轨道机动，这表明它也具备变轨能力。一直到 2020 年 2 月，美国空军才开始公开 ANGELS 卫星和上面级的轨道信息，其中 ANGELS 卫星已于 2017 年 11 月退役。

四、案例启示

太空中无处不在的侦察与监视

1. 近距离接近和交会技术可用于共轨反卫星应用中

美军多次测试了对低轨和地球同步轨道的近距离接近和交会技术以及跟踪、瞄准和碰撞拦截技术，这些技术可以使美军具有共轨反卫星能力。目前美军采用非进攻性任务来开展这些关键技术的测试和演示验证，比如导弹防御、在轨检查和卫星服务等，从不采用公开的任务来发展共轨反卫星能力。然而，因美军已完成各项关键技术的验证，完全具备在短时间内形成共轨反卫星能力。

2. 美军建立天基太空监视体系

美军为了确保自己在太空中的优势，建立了天地结合的卫星监视系统，用以实时监测他国卫星。其中天基系统主要有天基太空监视系统（SBSS）、"作战空间响应-5"（ORS-5）卫星和地球同步轨道太空态势感知计划（GSSAP）系列卫星等，如下图所示。

3. 高轨太空监视系统对抢占太空制高点举足轻重

中高轨区域部署着导弹预警、通信中继、导航定位等高价值卫星，它们均是太空体系的关键节点和信息枢纽，具有十分重要的地位作用。因中高轨目标距离地面较远，地面部署的观测设备难以获得这些目标的高清图像。对于美国 GSSAP 系列卫星，因其高机动性能、多功能性等特点，可以在中高轨空间分区域部署，开展往复巡视，实现对中高轨目标的全方位感知、近距离成像，能够有效弥补地基探测网覆盖不全、远距离成像分辨率不高的缺陷，对抢占太空制高点起到举足轻重的作用。

美军天基太空监视体系

附录 美国其他共轨反卫星技术发展概述

1. "卫星检查"项目

1959年12月，美国空军探测到太空中出现了一个不明太空物体（后来证实是美国"发现者五号"卫星的一块碎片）。这类不明物体的身份确认和状态检查，成为了美国空军所面临的棘手问题。于是，1960年，美国空军推出了"卫星检查"计划，也被称为SAINT项目。

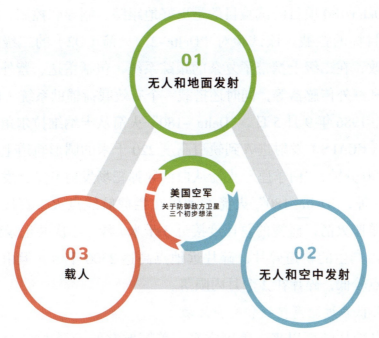

美国空军关于防御敌方卫星三个初步想法

"卫星检查"计划中，SAINT运载器入轨后进入与检查目标一致的轨道上，并使用所携带的摄像机和雷达设备从近50英尺（1英尺=0.3048米）的地方检查目标。在后续的版本计划中，美国空军还希望 SAINT 运载器具备一定的杀伤能力，比如携带高爆炸性火箭。美国空军计划从 1963 年开始先进行四次试验，确保 SAINT 项目在 1967 年夏季具备全面运行能力。然而在 1962 年，由于缺乏财政支持和政治上的担忧，该计划还未进行过任何在轨试验就被取消。

2. Delta 180 项目

Delta 180 项目虽然未明确设计作为共轨反卫星武器，但作为战略导弹防御计划（strategic missile defense initiative）的一部分，美国确实在 Delta 180 项目试验期间成功地进行了一次共轨拦截。

Delta 180 项目的试验目的是更好地跟踪、制导和控制，实现太空目标的拦截。该试验对"Delta-2"火箭（D2）的二级进行了修改，在二级上携带了复杂的跟踪系统，包括雷达、紫外、可见光和红外传感器等，同时还搭载一个有效载荷辅助系统（PAS）平台。1986 年 9 月 5 日，"Delta-180"火箭从卡纳维拉尔角空军基地（CCAFS）发射进入到轨道高度 220 千米的圆形轨道上；发射后 90 分钟，"白羊座"火箭从白沙导弹靶场发射升空；发射后 205 分钟，"Delta-180"火箭发动机在拦截航线点火，直接撞击上白羊座火箭，碰撞的总速度接近 3 千米/秒。本次共记录到 16 块撞击产生的轨道碎片，碎片远地点高达 2300 千米，但由于其近地点较低，碎片在 2 个月内陨落。

3. 低轨近距离接近和交会活动

自冷战结束以来，美国空军、美国航空航天局（NASA）和美国国防高级研究计划局（DARPA）都进行了近距离接近和交会技术的测试和演示验证。2003 年 1 月 29 日，美国空军在使用"Delta-2"火箭发射美国军用 GPS 卫星时，还搭载了一颗名为"XSS-10"的试验卫星。在火箭部署完 GPS 卫星后，这颗卫星才被释放。随后,"XSS-10"卫星在"Delta-2"火箭箭体附近进行了一系列 RPO 试验,最终与"Delta-2"火箭箭体的最近距离小于 50 米。美国空军后续发射入轨的"XSS-11"卫星,也成功开展了与火箭箭体的交会和接近控制试验。部分公开资料指出,在试验后的 12~18 个月里,"XSS-11"卫星"与几个美国拥有的、死亡的或不活动的驻留在其轨道附近的太空物体进行交会和接近演习"。但是,目前还没有最直接的证据证实"XSS-11"卫星的确切动向。

2005 年 4 月 15 日,NASA 发射 DART 卫星。该卫星在轨期间,与美国海军通信卫星 MUBLCOM 卫星进行了自主会合试验,在最终的测试过程中,DART 卫星"撞上"了 MUBLCOM 卫星。

DARPA 在其轨道快车任务的卫星服务方面,也进行了近距离接近和会合技术的演示验证。轨道快车由 2 艘航天器组成,分别为 ASTRO 服务运载器和 NEXTSat 客户运载器。2007 年 3 月 8 日,美军卡纳维拉尔角空军基地使用"阿特拉斯 5 号"火箭将 2 艘航天器发射进入轨道高度约 500 千米的圆形轨道。ASTRO 服务运载器展示了将液体自动输送到 NEXTSat 客户运载器的能力,并使用机械臂完成了组件替换。随后,这 2 个航天器在接下来的几个月里演示了多种交会和捕获场景,包括首次使用机械臂自主捕获另一个太空物体。这 2 个航天器在 2007 年 7 月停用。

4. 高轨近距离接近和交会活动

除了 GSSAP 卫星外,美国还进行了其他高轨 RPO 试验。2018 年 4 月 14 日,美国将多颗小卫星送入地球同步轨道,其中包括"老鹰"卫星,编目为 USA 284。

"老鹰"卫星与火箭分离后,随后又在轨部署了至少 3 颗小卫星,其中 1 颗小卫星"麦克罗夫特"(Mycroft)卫星于 2018 年

5月初与"老鹰"卫星分离,并对"老鹰"卫星进行了一系列近距离交会。美国空军将"麦克罗夫特"卫星描述为其展示了"提高太空飞行器的太空态势感知能力"。

2019年10月,美国空军宣布,"麦克罗夫特"卫星将被派往GEO区域去检查另一颗美国卫星S5卫星。S5卫星是2019年2月22日发射到GEO的一颗试验卫星,用以测试新的太空态势感知概念,但在2019年3月停止了与地面的通信。美国空军表示,"麦克罗夫特"卫星将在数周内与S5卫星进行一系列近距离交会,以检查S5卫星的太阳能阵列和天线的状态。

参考文献

[1] GRUSS M. Air Force sent GSSAP satellite to check on stalled MUOS-5[EB/OL]. (2016-08-15) [2022-12-27]. https://spacenews.com/air-force-sent-gssap-satellite-to-check-on-stalled-muos-5/.

[2] SWARTS P. MUOS-5 finally reaches operational orbit, Navy says[EB/OL]. (2016-11-16) [2022-12-27]. https://spacenews.com/muos-5-finally-reaches-operational-orbit-navy-says/.

[3] 王典军, 武冠群, 韩璐, 等. 美国 GSSAP 卫星观测模式分析与研究 [J]. 空间控制技术与应用, 2022, 48(03): 22-28.

[4] WEEDEN B. Global Counterspace Capabilities 2021[R]. Alexandria: Secure World Foundation. 2021.

[5] COULTER D. The Adventures of ASTRO and NextSat[EB/OL]. (2007-07-05)[2022-12-27]. https://www.spacemart.com/reports/The_Adventures_Of_ASTRO_And_NextSat_999.html.

案例十　俄美卫星低轨抵近与反抵近
——太空上演猫鼠游戏

俄罗斯卫星的轨道设计得非常巧妙，当两颗卫星首次进入太阳光时，"宇宙-2542"卫星可以观测"KH12-7"卫星的一侧，而当它们进入阴影时，则迁移到了另一侧。

一、案例概述

太空从不平静，暗潮时常涌动。2020年1月，俄罗斯与美国在太空上演了一场太空暗战。俄罗斯"宇宙-2542"卫星在发射入轨后，进行了一系列轨道机动，进入与美国"KH12-7"卫星（USA245）相同轨道。美国通过新闻、推特等形式对俄罗斯这一行为进行抗议。同年7月，美国和俄罗斯在维也纳举行8年来的首次太空安全会谈，双方就如何防范太空日益军事化展开角力。

本案例主要是让读者从俄美卫星低轨抵近与反抵近行动分析入手，了解太空博弈对抗的严峻形势，理解轨道机动的流程及关键环节，分析俄美双方在行动中的得失。

"宇宙-2542"卫星

"KH12-7"卫星

二、案例详情

2020年1月30日，美国普渡大学天体动力学的研究生Michael Thompson（汤普森）在推特上发布了一条引起各方关注的消息：从2020年1月20日开始，俄罗斯"宇宙-2542"卫星（2019年11月25日发射）进行了一系列轨道机动后，最终进入和美国"KH12-7"卫星（即USA245）相同的轨道上。在此之前，两颗卫星也在同一个平面上绕地球飞行，但两颗卫星每11~12天彼此靠近一次，而在变轨后，两颗卫星的距离长期保持在150~300千米的范围内，意味着它现在对"KH12-7"卫星具有持续的观测能力，推特内容如下图所示。

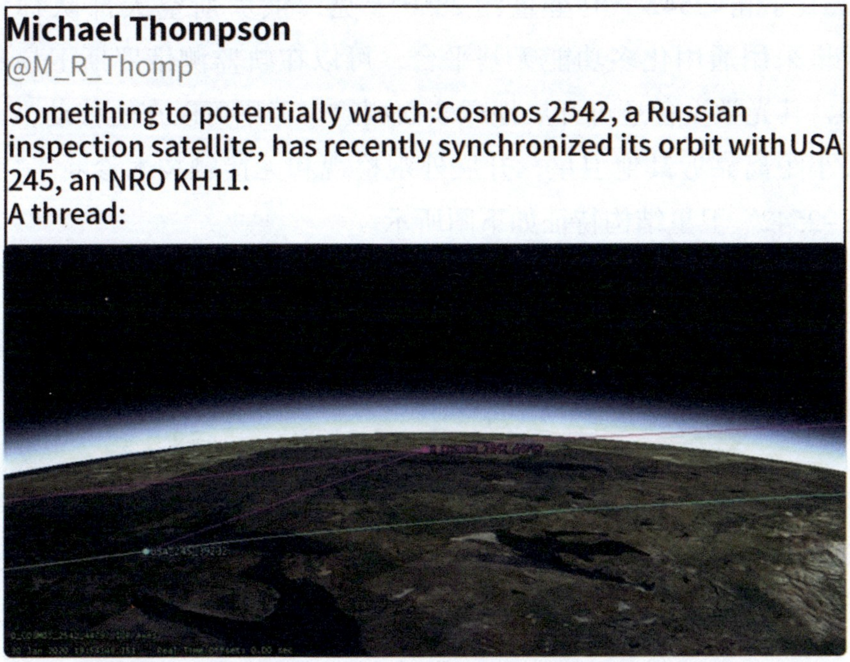

Michael Thompson 在推特指出俄罗斯卫星运行轨迹可疑

这个距离以地面的标准看似乎并不"接近",但它是针对在真空中以每小时数千千米的速度在地球上盘旋的物体。汤普森在推特上说:"相对轨道实际上设计得非常巧妙,当两颗卫星首次进入太阳光时,'宇宙-2542'卫星可以观测'KH12-7'卫星的一侧,而当它们进入阴影时,则迁移到了另一侧。"所以俄罗斯卫星有机会观测到"KH12-7"卫星两个侧面。

1. 俄罗斯"宇宙-2542"卫星

北京时间2019年11月26日01时52分,俄罗斯在普列谢茨克航天发射场使用"联盟(Soyuz)2.1v"火箭+"伏尔加"(Volga)上面级成功地将军事卫星"宇宙-2542"卫星送入预定轨道。2019年12月6日,俄罗斯国防部宣布"宇宙-2542"卫星释放一颗小型子卫星——"宇宙-2543"卫星。

"宇宙-2542"卫星重约2850千克,俄罗斯空天部队称该卫星采用通用化多功能天基平台,可以在轨监测俄罗斯卫星状态,其光学设备还可开展地球表面测绘。卫星可以在轨移动,以最小距离靠近其他卫星,开展外观检视和无接触技术诊断。"宇宙-2542"卫星结构特征如下图所示。

"宇宙-2542"卫星结构特征

2. 美国"KH12-7"卫星

北京时间 2013 年 8 月 29 日 02 时 03 分,美国从加利福尼亚州范登堡空军基地用"Delta-4"火箭发射间谍卫星"KH12-7",该卫星是国家侦察办公室(NRO)"锁眼"光学成像卫星"KH-11 Block 4"系列的最后一颗。该卫星拥有一个直径高达 2.4 米的主透镜,并采用最尖端的自适应光学成像技术,可自主改变透镜曲率,以补偿大气造成的光学畸变,地面分辨率为 10~15 厘米。同时还配备了红外相机,红外分辨率 0.6 ~ 1 米。

据公开信息,卫星重 17 吨,星体全长 13 米,直径 4 米,"KH12-7"卫星报价超过 50 亿美元,和航空母舰价格相当。锁眼系列卫星是美军天基光学成像侦察力量的核心。

三、案例分析

(一)美军行动复盘

1. 美军力量运用情况

下面从"OODA 环"角度描述美军力量运用。OODA 是 observation、orentation、decision 和 action 四个单词的首字母缩写,其含义为观察、判断、决策、行动。美军在本次行动中的工作描述如下表所列。

从"OODA 环"角度看本次行动中美军工作

阶段	主要工作
观察	太空目标监视装备持续跟踪太空目标,定期更新太空目标轨道根数数据库
判断	计算双星太空关系,根据规则判断敌方卫星威胁程度
决策	根据作战手册,制定轨道控制实施方案
行动	执行卫星轨道控制,采取规避行动;开展舆论应对,迫使对手停止行动

2. 美军的应对方案

（1）高效的自动化态势分析机制。

根据美国普渡大学研究生汤普森发布的消息分析，美方完全掌握了俄罗斯"宇宙-2542卫星"变轨的目的是意图接近"KH12-7"卫星。这说明美军具备完备的太空态势感知体系、快速高效的自动化态势分析机制，能够对当前态势快速分析研判，识别出威胁源，引导快速处置。

（2）有效的舆论应对策略。

这个事件最开始是由普渡大学的汤普森发布了一系列推特后引起新闻媒体注意的。汤普森2020年1月30日发推说，"宇宙-2542"卫星最近让其轨道与"KH12-7"卫星取得了同步。他指出，"KH12-7"卫星是国家侦察办一颗"锁眼"侦察卫星。他说，"这都是些间接证据，但这种证据非常多，所以看似一颗已知的俄罗斯检查卫星眼下正在对一颗已知的美国间谍卫星进行检查"。他报称，"'宇宙-2542'卫星于1月31日做了最近一次机动，正在漂向'KH12-7'卫星"。他说，"'宇宙-2542'卫星或许顶多只是在几天时间里靠近了'KH12-7'卫星，而后者随后做了一次机动，从而开始漂走"。

随后，时任美国太空军作战部长雷蒙德将军2月10日接受《航天新闻》采访时说："这些卫星一直在一颗美国政府卫星附近开展活跃的机动。"这是美国官员首次就俄罗斯卫星据称在追逐美国卫星做出公开表态。雷蒙德说，"我们依然致力于更希望在太空疆域不要发生冲突""但其他国家已把太空变成一个作战疆域"。他说，俄罗斯正在发展"意在利用美国对天基系统的依赖性的能力"。

无论汤普森是有意还是无意，其言论一定程度上对美军舆论应对起到了积极的帮助作用。

美国太空军作战部长雷蒙德站出来表态，一定程度上起到了遏制俄罗斯再次抵近的效果。如果雷蒙德不站出来表态，俄罗斯"宇宙-2542"卫星可能会再次抵近美国"KH12-7"卫星，"KH12-7"卫星需要再次规避。由于锁眼系列卫星由多颗卫星组网运行，需要同步调整，这对其正常任务、轨道维持等将产生负面影响。

（二）俄军行动复盘

俄军本次行动是一次实战化抵近行动，在行动中目标清晰、行动坚决、规划缜密，表现出娴熟的天基操控能力。

（1）目标清晰。根据汤普森发布的推特消息"俄罗斯'宇宙-2542'卫星进行了一系列轨道机动后，最终进入和美国'KH12-7'卫星相同的轨道上"。这表明俄方将"宇宙-2542"卫星的轨道面瞄准"KH12-7"卫星，为卫星接近奠定坚实基础。

（2）行动坚决。"变轨后，两颗卫星的距离长期保持在150~300千米的范围内"，这表明俄罗斯"宇宙-2542"卫星具备对美国"KH12-7"卫星的长时间侦察条件。锁眼系列卫星是美军天基光学成像侦察力量的核心。俄罗斯能够操控卫星对此类敏感军事卫星进行抵近侦察，充分反映了俄方在太空活动中的坚定态度。

（3）规划缜密。"宇宙-2542"卫星入轨后并没有急于抵近"KH12-7"卫星，而是等待"KH12-7"卫星完成每年11月至12月例行的大幅轨道维持之后再实施，防止"KH12-7"卫星利用例行轨道维持来实施规避，为其规避增加了成本。"宇宙-2542"卫星抵近之后转回平时的太阳同步轨道时选择等待到4月下旬，充分利用轨道动力学特点，也表明其规划缜密细致。

俄罗斯近年来频繁开展在轨交会试验，试验类型从异面接近到共面绕飞，试验对象从火箭上面级、本国在用卫星到美国高价值军用卫星，建立并展示出较强的低轨太空操控与共轨反卫星作战能力，对其他国家低轨在轨高价值航天器形成巨大威胁。特别是"宇宙-2542"卫星发射入轨后即瞄准美国高价值军用卫星，反映其低轨太空操控能力已达到实战化水平，展示出俄罗斯发展太空操控技术应对太空威胁的决心和能力。

目标清晰　"宇宙-2542"卫星发射前，俄方即将抵近目标确定为美国"KH12-7"卫星。

行动坚决　低轨战场共面抵近意图明显、行为敏感，但俄军本次抵近行动坚决果断，在第一轮抵近被破坏后随即实施了第二轮抵近。

规划缜密　"宇宙-2542"卫星任务规划缜密细致，入轨后并没有急于抵近"KH12-7"卫星，而是等待其完成例行的大幅轨道维持之后再实施，增加其规避成本。任务完成后，充分利用轨道动力学特点，选择等待到4月下旬转回平时的太阳同步轨道。

一次实战化抵近行动过程

四、案例启示

从高轨到低轨，太空争斗时刻存在

1. 通过精准的行动设计，俄方基本达到试验目的

俄罗斯"宇宙-2542"卫星在发射时即瞄准了美国"KH12-7"

卫星，双星轨道面基本重合，行动目标和意图明显，推测俄罗斯极有可能侦获锁眼卫星的外形信息、载荷信息和信号特征等关键情报。

试验目的

结合"宇宙 –2542"卫星的前期行为，该卫星在入轨 10 天后即在轨释放了一颗"宇宙 –2543"子卫星，该子卫星于 2020 年 7 月又发射了一枚动能弹，再加上此次行动俄方以美国锁眼卫星为对象的变轨抵近行为，这充分表明俄罗斯已经完成了多目标释放、子目标抵近控制、近距离成像等多项技术实验验证，为后续技术升级、装备定型和实战应用打下了基础。

2. 以技术为基础可以实现太空领域的"以小博大"

相比美国"KH12–7"卫星，俄罗斯"宇宙 –2542"卫星的体积、重量、造价、重要性都可以称之为"小"，俄罗斯通过精确感知技术、轨道灵巧机动技术、精准任务规划技术等实现了抵近侦察，迫使美国高价值卫星变轨，并引发美国国内一系列连锁反应，是典型的"以小博大"非对称制衡。

3. 精准的太空态势感知能力和高效的响应机制是确保太空资产安全的基础

美方针对俄罗斯卫星的抵近活动，能够迅速感知到俄罗斯卫星变轨情况对本国卫星所造成的威胁，这充分说明了美国具备完备的太空态势感知体系、快速高效的自动化态势分析机制、成熟规范的规避处置流程、快速响应的卫星变轨操作等，特别是作为核心的自动化态势分析机制，能够对当前态势快速分析研判，识别威胁源，引导快速处置，以此来确保美国在轨航天器在受到威胁时能够快速响应、有效规避。

附录一 "OODA 环"理论在决策中的应用

20世纪70年代,由美国空军上校博伊德提出了"OODA 环"理论,该理论的提出为决策的科学化提供了新的途径和手段。

1. "OODA 环"基本概念

"OODA 环"理论认为,所有有机体和人类社会、周围环境之间都按照这个循环进行运动,像国家和军队这样复杂的组织内部肯定存在着很多同时运行的决策环,同时只要己方的决策环比对方运转得快,就能把对方的努力化为泡影,使自己立于不败之地。

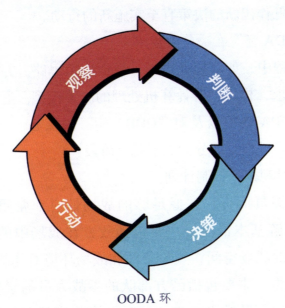

OODA 环

"OODA 环"的循环分为4个阶段:

首先是观察。在实施指挥行动前,就需要有明确的观察计划。双方开始,需要通过观察来自交战双方开始的新情况以及对方的反应。

其次是判断。观察的情况有很大的不稳定性，当前制定出的合理决策很快会因为情况的改变而失去最初的决策意义。为更好地理解判断，可以把它想成是先前观察到内容的大纲或指导原则。

再次是决策。决策是为了明确表达行动过程并在行动过程中选择简单、快速的行动路线。决策方案确定下来，决策者还应定下是否给下属人员足够的行动特权以确保下属能够下定决心执行决策。

最后是行动。行动过程中决策者要适时对行动结果进行观察、判断，并对观察、判断的结果在效率、实时上区分等级，根据等级的高低作出新的决策直至实施新的行动。

2. "OODA 环"在决策中应用

决策过程中，如何把握关键、厘清决策思路，并着眼于决策自动化的要求，构建适合计算机处理的决策模型。通过构建指挥决策的"OODA 环"以及对"OODA 环"的核心、环节的分析，结合军事决策过程，可分为以下几个阶段：

（1）通过观察，拟制计划。

对于指挥员而言，掌握足够的战场信息非常重要。首先，决策者应了解基本情况，主要包括敌方在战场中的可能位置；有可能展开的战场空间；气象条件和战场环境对作战有何影响。评价己方实力，主要包括己方部队的参战人员的素质、战前训练水平、己方部队的强弱点、针对性战前演习中各级部队对各环节的任务是否清楚、执行是否坚决、是否符合作战意图等。拟制计划，主要从敌我双方的可能作战计划、作战行动成功或失利时将如何调整作战计划、如何就己方观察所获取的情报与友邻沟通、作战过程中就对手可能的作战企图如何调整己方的作战计划等。

（2）通过判断，了解对方企图。

决策者在作战过程中通过不断地判断，使所属部队各级指挥员能明确敌方的战略战术，并及时调整部队在实现己方作战意图的同时阻止敌方作战意图的实现。在实际的作战进程中，指挥人员的判断做得越多对己方部队战场境遇的改善就越有好处。

首先，对环境的预判。即什么时机应该是一个作战阶段的结束、什么时机应该执行下一步的作战行动、作战具体空间的可能位置、气象条件和战场环境对作战有何影响。

其次，对敌方实力的判断。作战过程中敌方可能使用哪种防御策略？敌方如何进行攻击？己方部队在交战中获取了哪些胜利、哪些失利？指挥人员该如何调整决策思路？攻防作战中己方的防御能否抵御敌方的进攻、应该如何调整？敌方部队的强弱点是什么？己方如何攻击敌方的弱点或避免敌方强势的打击？己方部队在战场上执行指挥员作战意图的表现如何、应该如何调整？

最后，了解敌方企图。敌方作战中各阶段的作战企图是什么，己方应该如何应对？面对我方的打击，敌方可能在作战计划上作出怎样的调整？如何对己方的作战计划在有利或不利条件下进行调整？己方如何能确保在不可预知的地形上进行作战？敌方其他可能的作战计划是什么？己方其他作战计划有哪些？对作战结果的最低期望是什么？敌方作战中使用的诡计是什么？

（3）通过决策，掌握战场主动。

作战指挥决策的制定对实施正确的作战指挥行动至关重要。观察和判断的经验越多，越能更好地使己方部队获得更多的选择，更快地作出相应的作战指挥决策。

第一步，科学制定决策。当前部队的作战任务是什么？上级首长、指挥机构对部队有哪些具体的要求？针对当前的战场态势，己方应该做怎样的决策？如何部署己方部队？当前任务完成后，接下来该有何行动？如果上级有临时的作战任务安排，部队该如何调整？等等。

第二步，运用具体的策略。即采取何种策略才能击败对手？针对友邻作战进程，如何调整部队的行动？针对敌方对己方的防御或进攻行动，己方该做何调整？进攻中，己方如何才能瓦解敌人的防御体系？等等。

第三步，掌控对方节奏。针对敌方的作战策略，己方应采取何种策略以阻止敌方策略的实施？己方采取何种策略以掌握战争节奏？如何欺骗敌方？采取何种策略以使己方能争取更多的主动权？等等。

（4）通过行动，发挥决策效能。

行动是决策能否成功的最有效也是最直接的手段。军事行动中，指挥员要始终把握战场一盘棋的思想，在执行行动的过程中，紧紧围绕既定的决策目标，注重对行动结果的再观察、再判断，作出新的决策并及时调整部署，达成作战目的。

首先，实施欺骗策略，具备多种可供选择的可行作战方案，在战场局势不明的情况下始终能够把握战场的主动权。具有对所属部队作战行动有意图明确的行动计划，同时采用一系列对敌有效的欺骗策略。

其次，实施作战任务，友邻部队能够在己方的支援下顺利开展进攻。尽量发挥己方部队的综合作战能力，最大限度地发挥作战效能以击败敌军。具备在任何战场情形下充分发挥己方作战指挥及作战指挥策略实施的能力。能够在高速度、非线式、超常规的作战中发挥己方的作战指挥效能，完成最终作战企图。

随着战争的推进，决策人员的信息量不断增加，军事决策开始进入下一个过程。这也体现出"OODA 环"的一个基本特征——循环。由此可见"OODA 环"理论对于军事行动而言能起到十分重要的作用。

附录二 卫星常用相对坐标系定义

为描述两个航天器的相对运动，以其中一个航天器为参考航天器建立相对轨道坐标系，讨论两个航天器相对运动。常用的相对运动坐标系有 LVLH（local vertical，local horizontal）坐标系和 VVLH（vehicle velocity，local horizontal）等标系等。

以 LVLH 坐标系为例介绍。以太空某航天器的质心为原点，地心指向航天器质心的矢量方向为 X 向，称为径向；Z 向指向轨道面法向，称为法向；Y 向与 Z、X 向符合右手定则，称为切向。两个接近的航天器，径向可以理解为高度方向，切向可以理解为运行方向，法向可以理解为运动方向的左右方向。两个轨道面法向距离接近，表明两个卫星的轨道面重合。

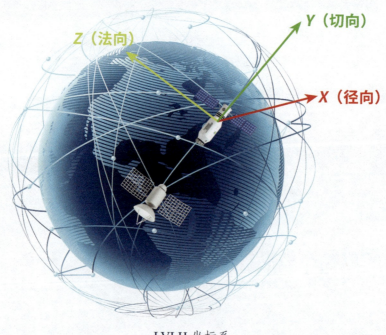

LVLH 坐标系

附录三 "套娃"卫星——"宇宙–2542"卫星

俄罗斯国防部宣布,莫斯科时间2019年11月25日20时52分,"联盟2.1v"火箭成功将军用卫星送入计划轨道。根据俄罗斯军方消息,新发射的卫星类似于一个标准平台,可以对俄罗斯卫星的状况进行监测,所携带的光学设备还可以对地球表面进行成像。有文章称,这种新型军用卫星内部代号叫"级别",俄罗斯国防部代号为14F150。在2017年6月、2019年11月,俄罗斯两次发射此类军用卫星,对外代号分别为"宇宙–2519"和"宇宙–2542",都是用"联盟2.1v"火箭发射。

回顾该项目的第一次任务。2017年8月23日,俄罗斯国防部发布了一个声明,内容如下:今年6月23日,为俄罗斯国防部开发的航天器从普列谢茨克航天发射场发射升空。该航天器是一种太空平台,可以携带不同型号的有效载荷。今天,从该平台分离了一个小型航天器,该航天器旨在检查俄罗斯卫星的状况。随后计划进行一项科学试验,利用这个小型(检查员)航天器研究检查卫星外观。

以上的声明内容主角就是俄罗斯军用卫星"宇宙–2519"。根据俄罗斯国防部的公开声明,"宇宙–2519"卫星的显著特征是入轨后释放了一颗小卫星。这也预示着本次发射入轨的"宇宙–2542"卫星也将在轨释放小卫星。

2019年12月6日,俄罗斯国防部宣布,一颗小型子卫星已与轨道上的多功能平台"宇宙–2542"卫星分离。俄罗斯国防部表示,在试验过程中,图像信息将传输到地面处理中心,用以评估被观测航天器的技术状态。

12月9日,美国雷达检测到该卫星的第一次机动,近地点抬升了4千米,随后该卫星被命名为"宇宙-2543"。2019年12月中旬,"宇宙-2543"卫星又把近地点抬升了55千米。到了2020年6月中旬,有独立观测人员声称,其观测到"宇宙-2543"卫星与2019年7月10日发射的"宇宙-2535"卫星发生了交会。

2020年7月15日,俄罗斯国防部发布消息,其小型检查卫星"宇宙-2543"卫星已对轨道上的另一颗俄罗斯卫星进行了近距离评估。检查产生了目标卫星宝贵的信息和图像,数据已传输到地面站。这则声明直接指出"宇宙-2543"卫星和"宇宙-2535"卫星之间的太空交会过程。

令人意想不到的是,在俄罗斯宣布上述消息后不久,美国太空司令部公布了一颗编号为45915的太空物体的轨道数据,这个物体是由"宇宙-2543"卫星分离产生,分离时间是世界时2020年7月15日7时50分左右。美方认为,此次俄罗斯的在轨释放试验,可认定是一次在轨反卫星试验。

参考文献

[1] 微胖. 俄军用卫星靠近美国绝密"锁眼"间谍卫星，美国高度警惕[EB/OL].(2020-02-02)[2022-12-27].https://baijiahao.baidu.com/s?id=1657405282192421507&wfr=spider&for=pc.

[2] ZAK A.Soyuz-2-1v launches a secret satellite[EB/OL].(2021-08-05)[2022-12-27].https://www.russianspaceweb.com/napryazhenie.html.

案例十一　美国在轨延寿飞行器（MEV）
——太空颠覆技术崭露头角

MEV-1 飞行器在 2020 年 2 月成功对接到 Intelsat 901（IS-901）卫星，首次为卫星提供了延寿服务，颠覆性技术又一次创造了历史。

一、案例概述

2019 年 10 月，美国成功发射了一颗商业航天器 MEV-1 飞行器，并在坟墓轨道对美国一颗退役通信卫星进行了抵近"抓捕"，成功对其实施了在轨延寿，恢复了卫星原有业务能力；2020 年 8 月，第二个任务扩展飞行器 MEV-2 再次成功发射升空，并在地球同步轨道对一颗寿命末期的通信卫星实施了在轨延寿。

在轨延寿飞行器（mission extension vehicle，MEV）的出现，使以往只有在地面才能实现的"加油延寿"能力首次在太空实现，其采用的高新技术以及衍生的攻防能力同时给太空安全带来了新的威胁，这也将影响着太空体系布局的改变。

研究本案例，对美国于 2019 年 10 月、2020 年 8 月发射的在轨延寿飞行器进行详细梳理分析，对该飞行器的功能特点、试验过程、应用效果等进行深入挖掘，梳理研究其技术特点和其中蕴含的太空攻防能力，从中剖析其对整个太空安全和信息支援体系的潜在威胁，进一步揭示美国以商业航天为掩饰，图谋全面控制太空、称霸太空、制衡太空的野心。

二、案例详情

(一)在轨延寿飞行器项目概述

在轨延寿飞行器项目始于 2011 年,由诺斯罗普·格鲁曼公司研发制造,旨在通过对接、接管客户卫星的姿态和轨道控制功能,用以延长客户卫星使用寿命,提升客户卫星执行任务能力。

目前,卫星在轨维护的方式主要有 3 种:①通过加注燃料或者接力辅助的方式,让耗尽燃料的卫星恢复工作;②通过在轨维修的方式,让组件受损的卫星恢复正常工作;③通过在轨加挂新硬件的方式,让旧卫星焕发新生。MEV 采用的是第一种方式,主要是通过控制客户卫星的轨位姿态来帮助卫星延寿,无法提供燃料加注服务。

MEV 基于诺斯罗普·格鲁曼公司成熟的地球静止星-3(GEOStar-3)平台设计制造,该平台是 GEOStar 平台系列的最新型号,被广泛应用于全球商业通信卫星研制,具有高灵活性、高成熟度和强扩展性的特点。MEV-1 飞行器结构如下图所示。

MEV 搭载有两个配备高效电推力器的展开式推进吊舱,同时还搭载有一个小型肼燃料贮箱。电推进主要用于轨道转移、轨道维持等任务,可以降低飞行器总发射质量;化学推进主要用于对接过程中冲量要求较高的机动动作。MEV 还搭载了高精度、集成化的传感器套件,能以安全、可靠的方式实现与客户卫星的对接操作。

(二)MEV-1 飞行器工作过程

2019 年 10 月 9 日,俄罗斯国际发射公司的一枚质子运载火箭在拜科努尔 200/39 工位成功点火,经过将近 16 个小时的飞行,

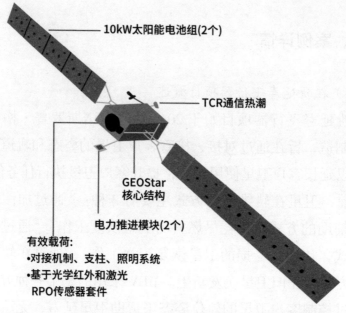

MEV-1 飞行器结构图

以超同步转移轨道的方式，成功将美国商业航天器 MEV-1 飞行器和一颗欧洲通信卫星送入轨道。

MEV-1 飞行器的首个服务对象是通信卫星"Intelsat-901"。"Intelsat-901"卫星于 2001 年 6 月 9 日由"阿丽亚娜 4 号"火箭发射升空。因燃料所剩无几，2019 年 12 月底，该星进入近地点 36035 千米、远地点 36141 千米、倾角 1.63°的"坟墓"轨道濒临退役。

结合相关信息分析，MEV-1 飞行器在轨延寿服务主要按以下 4 个步骤进行，如下图所示。

第一步：在"坟墓"轨道与"Intelsat-901"卫星交会对接。

"Intelsat-901"卫星于 2019 年进行升轨操作，耗尽自己所有燃料，把自己抬升 300 千米，进入"坟墓"轨道。

用于在轨维护的 MEV-1 飞行器在入轨之后，启动氙离子电

案例十一 美国在轨延寿飞行器（MEV）——太空颠覆技术崭露头角 | 179

MEV-1飞行器在轨延寿服务主要步骤

推进发动机，同样向坟墓轨道进发。具体交会对接过程如下：

MEV-1飞行器使用氙离子电推进器，逐渐靠近"Intelsat-901"卫星。

在MEV-1飞行器距离"Intelsat-901"卫星300米的时候，进入绕飞伴飞阶段。MEV-1飞行器开启红外传感器和可见光传感器，持续观测"Intelsat-901"，分析和优化靠近方案。MEV-1飞行器接近至"Intelsat-901"卫星80米附近后，停泊在该卫星尾部后方等待交会指令。

随后，位于地球的工程师发出开启激光雷达的指令，让MEV-1飞行器继续前进。到20米的时候（如下图所示），MEV-1飞行器再次停下，向地面传输"Intelsat-901"卫星的红外图像和可见光图像，让地面人员决定是否进行对接。

地面工程师根据图像信息判断，两星间相对位置和工作状态符合对接要求，随后向MEV-1飞行器发出对接指令。MEV-1飞行器在激光雷达的指引下，来到"Intelsat-901"卫星后方1米

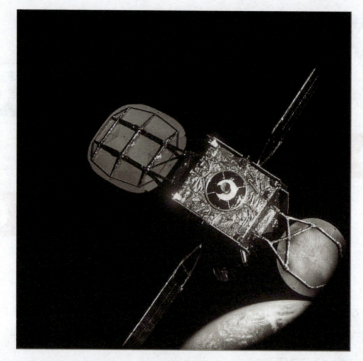

MEV-1 飞行器约 20 米处"近距离保持"位置看到的"Intelsat-901"卫星，背景是地球

处。紧接着，MEV-1 飞行器伸出一根类似鱼叉的长杆，插入"Intelsat-901"卫星的发动机的喷管内，如下图所示。

MEV-1 飞行器伸出一根类似鱼叉的长杆，插入目标卫星的发动机的喷管内

鱼叉结构是实心的,虽然已经进入"Intelsat-901"卫星远地点发动机的喷管内部,但是并不能直接注入燃料。因为喷管有一个直径相对较小的喉部,所以这个鱼叉结构就能够卡住在里面。随后,鱼叉结构向后拉,逐渐缩小"Intelsat-901"卫星和MEV-1飞行器之间的距离,直到卫星被MEV-1飞行器的机械臂抱住。整个过程,持续时间为3个月。下图为MEV-1飞行器与目标对接概念图。

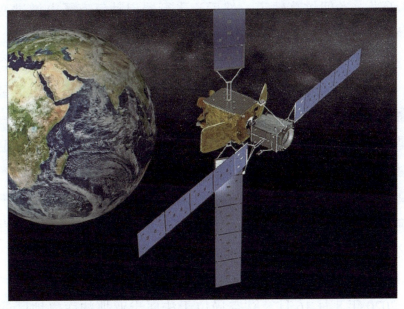

MEV-1飞行器(右)与"Intelsat-901"卫星(左)对接后的概念图

第二步:接管"Intelsat-901"卫星,前往指定位置。

两星对接后,MEV-1飞行器承担起组合体姿轨控功能,组合体将在坟墓轨道上进行2~4个星期的测试。测试完成后,MEV-1飞行器将开启变轨发动机,带"Intelsat-901"卫星离开坟墓轨道,把"Intelsat-901"卫星送到西经27.5°、倾角为0.0°的轨道上重新定点。

第三步：在指定位置，进行长达5年的轨道保持。

按目前的合同要求，MEV-1飞行器将会维持"Intelsat-901"卫星的轨道位置长达5年之久，其间由MEV-1飞行器的氙离子电推进发动机进行组合体的轨道维持。这样一来，"Intelsat-901"卫星的累计在役时间将延长至23年。

第四步：将客户星送回"坟墓轨道"并服务其他目标卫星。

5年后，MEV-1飞行器把"Intelsat-901"卫星的轨道抬升300千米，送回坟墓轨道。然后，飞行器启动氙离子电推进变轨发动机，追踪其他需要服务的客户卫星。

让首颗实用化的高轨维护卫星和客户卫星在坟墓轨道交会对接，有两个方面的考虑：一是这符合了地球同步轨道通信卫星的寿命管理要求，卫星在寿命最后阶段要抬升至坟墓轨道，为后续卫星腾出宝贵的轨道和频率资源；二是一旦维护卫星和客户卫星的对接过程出现突发异常，两星就很有可能发生碰撞，从而产生大量太空碎片。如果对接过程发生在坟墓轨道，碎片就基本不会影响其他在同步轨道的活跃卫星，可以大幅降低在同步轨道直接对接所带来的安全风险。

（三）MEV-2飞行器工作过程

2020年8月16日，欧空局位于法属圭亚那的库鲁地区的圭亚那航天中心使用"阿丽亚娜5号"运载火箭成功发射第二个任务扩展飞行器MEV-2。

MEV-2飞行器是MEV-1飞行器的升级版，其对接部分采用了与MEV-1飞行器相同的传感器和捕获程序。两者的区别在于"拯救"卫星的类型不同，MEV-2飞行器的客户卫星是一颗仍在地球同步轨道提供服务的商业通信卫星"Intelsat 10-02"，其间不需要将客户卫星转移位置。对接过程中客户卫星不需要暂停其通信服务。

2021年4月12日，诺斯罗普·格鲁曼公司和该公司的全资子公司太空物流（SpaceLogistics）有限责任公司宣布，在美国东部时间下午1点34分MEV-2飞行器成功对接"Intelsat 10-02"商业通信卫星，并将提供延长寿命的服务。

MEV-2飞行器在地球同步轨道直接对接"Intelsat 10-02"商业通信卫星，这对测轨精度、控制精度、对接技术、风险防控等方面提出了极高的要求。一旦出现意外情况，不仅会威胁两颗卫星的安全，同时产生的碎片将对周边其他卫星以及珍贵的同步轨道资源带来严重威胁。

三、案例分析

（一）涉及的关键技术

MEV的出现，向全世界展示了在外太空实施在轨航天器延寿的颠覆性技术，使得太空加油延寿、在轨维修维护、在轨组装载荷等太空服务成为了可能，并集中展现了远距离高轨目标非合作对接、组合体目标精稳控制等多项关键技术。

MEV的关键技术	01 远距离高轨目标非合作对接（抓捕）技术
	02 组合体目标精稳控制（挟持）技术

MEV的关键技术

1. 远距离高轨目标非合作对接（抓捕）技术

MEV能够在36000千米外的地球同步轨道与客户卫星进行交会对接，并且在对接过程中客户卫星不需要进行任何配合操作，这充分展示了美国在测量定轨、姿态控制、高精度对接等技术上的成熟和体系的完备。

在地球同步轨道实施交会对接，会受到卫星燃料消耗、时间消耗、安全避撞等多种条件约束。此外，在地球同步轨道，较小的轨道根数偏差会导致较大的相对运动偏差。因此，在实施交会对接的轨迹规划时需综合考虑各类约束条件和摄动偏差影响，同时还要使追踪航天器躲避位于客户卫星附近的障碍物，这不仅包括客户卫星附近的其他太空目标，还有客户卫星本身的大型帆板和天线等部件。因此，在复杂的太空环境中，实施远距离的非合作交会对接，需要有高精度的测量与定轨技术、精确的动力学模型、智能化轨道姿态控制等多项关键技术。

2. 组合体目标精稳控制（挟持）技术

在轨延寿飞行器与客户卫星对接后，形成结构相连的组合体航天器。与对接前延寿飞行器相比，组合体的质量、质心发生了变化，姿态动力学参数也发生明显变化。此外，由于客户卫星长期在轨工作，自身动力学参数也存在着较大的不确定性，因此，延寿飞行器姿态控制系统需要精准识别对接后组合体的姿态动力学参数，以保证组合体的姿态稳定和控制精度。

组合体的太阳帆板数目增多，可能存在帆板对帆板的遮挡，同样，组合体的外形尺寸进一步增大，本体对太阳帆板的遮挡将更为严重。因此必须考虑组合体对电源系统的影响，实施更为科学的能源管理策略，以保证组合体安全稳定工作。

（二）相关项目和技术发展

1. 任务机器人飞行器（MRV）计划

任务机器人飞行器（MRV）计划是诺斯罗普·格鲁曼公司旗

下太空物流有限责任公司的下一代轨道服务航天器,首颗该型航天器拟在 2026 年发射入轨。每个 MRV 将携带 10~12 个"任务延寿吊舱"(MEP)。当 MRV 接近客户卫星时,机械臂将把一个 MEP 安装到客户卫星上,并利用安装在 MEP 上的氙离子电推进发动机、电力和通信系统为卫星提供"延寿"服务。与此同时,MRV 还能开展机器人维修操作,如伸展未正常展开的太阳能帆板等。

除此之外,诺斯罗普·格鲁曼公司还计划在 2025 年后发射任务补燃舱(MRP 计划),可以为高价值卫星实现在轨加注燃料,并具备清除高价值卫星附近碎片的能力。在 2030 年后,计划实施任务装配和维修器计划(MARV),实现在轨制造和组装航天器。

2. 地球同步轨道机器人服务(RSGS 计划)

美国国防高级研究计划局(DARPA)于 21 世纪初开始研究太空服务概念,希望能够寻找到提供给在轨卫星的增值服务和为现有 GEO 卫星群增值的硬件、软件和操作程序。2016 年,DAPA 启动地球同步轨道机器人服务(RSGS 计划)。RSGS 计划中不仅利用 MEP 为用户卫星提供延寿服务,还将提供其他多种服务,包括对卫星外表进行全面检查、安装搭载有效载荷、开展设备大修、捕获不带星箭对接环的卫星、在轨进行结构组装以及在轨燃料补加等。例如,在卫星上安装类似 USB 端口之类的装置,通过该端口为卫星提供电源和数据连接,实现失联卫星的在线故障诊断与处置;若判断卫星动量轮或传感器发生故障,可更换新的器件或者传感器,甚至安装全新的有效载荷。

四、案例启示

延寿卫星，可延自己之寿，可取他人之寿

MEV 项目看似是一个用于商业用途的卫星延寿项目，但其涉及的抓捕、挟持、控制等技术具有重要的太空作战价值。一旦发生太空冲突，部署在高轨的高价值卫星将遭受极大威胁，严重影响高轨卫星的运行安全。

1. 颠覆性技术带来了强大的太空威慑力

MEV 项目的在轨维护技术，实际上是通过"挟持"客户卫星实现的，这种"挟持"方式也是反卫星技术中的一种。过去，主要通过自爆、撞击、发射武器等方式摧毁敌卫星，这些方式造成的伤害往往难以挽回，甚至可能导致冲突升级。MEV 技术则提供了一种更灵活隐蔽的手段。这两次在轨延寿任务，美国自卫星发射起就公开报道全部试验过程，持续不断地展示 MEV 强大的抓捕、挟持等能力，无形之中就形成了强大的太空威慑力。

2. 在轨维修维护技术可高效维持已有太空体系

MEV 的重要作用是实现卫星的在轨加油延寿和维修维护。实施燃料加注后，不仅可以有效提高卫星的机动能力和机动时长，进而可以提升卫星的在轨生存能力和生命周期；其在轨维修维护能力，也可以使故障卫星或被破坏卫星得到快速修复以重新融入太空体系。卫星在轨维修维护的时间成本和资金成本，要远小于重新发射卫星入轨补网，这样即可最大效益地维持太空完整的体系。

3. 民用商用在轨操控卫星涉及双重用途和公开度问题

民用和商业的在轨交会和接近（RPO）技术在不断进步的同时，也给太空资产安全带来了新的问题，也就是如何准确识别他们的目的是民商用途还是军事情报用途。因此，建立民商用卫星的 RPO 行为规范和技术标准显得格外重要，同时还需要提高此类卫星的公开度，将此类卫星的太空操控活动和军事情报活动区分开来。

4. 持续跟踪研究 MEV 技术发展方向确保卫星在轨安全

MEV 项目在报道中仅公开了在轨延寿等功能，但其他功能如抓捕、挟持、拆卸等多种技术手段都具备太空攻击能力。在平时，MEV 可以在高轨进行看似正常的"游弋"；在某些关键时刻，MEV 则可以利用其技术手段破坏敌方高轨关键节点卫星，通过"强行对接"方式，将敌方卫星推离轨道，或者依附在卫星身上用机械手拆除敌方卫星的一些重要零件使其暂时失效，更有甚者可操控敌方卫星撞击其他敌方卫星，或直接接管卫星等。

同时，在 MRV 计划中，每个任务机器人飞行器 MRV 可携带 10~12 个"任务延寿吊舱"（MEP）。MEP 的尺寸小、质量小、机动性能强，其可以附着在其他卫星上，实施驱离、干扰、破坏等攻击行动，达到大面积瘫痪敌卫星体系的目的。

附录　商业和民用机器人太空交会和近距离操作项目现状

在过去的20年里，一些国家已经开始开发用于非军事目的的交会和接近（RPO）技术，RPO技术能够广泛应用于民用和商用在轨卫星服务，如在轨检查、修理、加油、组装和延长寿命等。与此同时，RPO技术也可以用于军事活动，如近距离太空监视的情报侦察行为，以及共轨反卫星的太空武器进攻行为等。

RPO技术应用范围	
	RPO技术能够广泛支持民用和商用在轨卫星服务(OOS)能力，如检查、修理、加油、组装和延长寿命。
	RPO能力也可以用于军事和情报空间活动，如情报、监视，以及进攻性武器，如共轨反卫星。

RPO技术应用范围

虽然RPO技术在人类太空发展史中有着悠长的过去，但在最近的几十年里，人们越来越关注开发机器人的技术版本。第一个被归类为机器人RPO任务是1997年11月由日本宇宙航空研究开发机构（JAXA）进行的日本服务卫星"ORIHIME"和客户卫星"HIKOBOSHI"测试。测试中，服务卫星将客户卫星送入轨道；在轨道运行时，服务卫星拍摄了客户卫星的照片，在完成了对客户卫星的检查后，两星重新对接并完成自动测试，这成为了自主机器人与另一个太空物体进行交会对接的首个成功实例。2005年4月14日，美国航空航天局发射了DART卫星，计划与美国海军通信卫星MUBLCOM进行自主会合试验。DART卫星最终在测试中"撞上"了MUBLCOM卫星，但两颗卫星都未损坏。一份事后分析报告称，DART卫星因自动会合系统故障，从而导致了此次碰撞，由于保密原因，该报告没有公布试验的所有细节。

在接下来的10年里，越来越多的公司和机构看到了在轨服务行业的前景。许多公司开始进行此类项目的投资，但只有少数通过了测试阶段。美国StarTech公司的电动碎片消除器（EDDE）等项目在2012年获得了美国航空航天局的初步研究资金，但尚未能够进行太空演示试验。

美国航空航天局有两个任务着眼于发展在轨服务、组装和制造（OSAM）能力，分别为OSAM-1任务和OSAM-2任务。OSAM-1任务的主要任务是演示给在轨卫星加注燃料的能力，同时还包括使用机器人手臂在轨组装天线的能力。OSAM-2任务中包含有一颗名为Archinaut One的卫星，这颗卫星将在轨建造、组装和部署自己的太阳能帆板。其他商业和民用RPO项目还包括意大利于2020年9月发射的D-Orbit ION任务，通过提供拼车服务，能够更快地将其他卫星送入运行轨道。此外，日本Astroscale公司的ESLA-d探测器于2021年3月发射，用于演示检查、接近和捕获另一个物体的能力，以支持未来的主动碎片清除任务。欧空局授予瑞士ClearSpace公司一份合同，计划在2025年将欧空局的一个重约100千克的"织女星"火箭上层适配器从轨道上移除。可以看到，RPO和OOS技术在未来商业航天工业中前景光明。但随着商业和民用RPO和OOS技术的不断进步，如何区分商业活动目的还是军事情报目的成为了新的需要关注的问题。因此，在建立行为规范和技术标准的同时，还需要提高任务的透明度，以提高商业和民用RPO和OOS的安全性，将它们与军事活动区分开来。

参考文献

[1] 廖敏文. 论"ADR-OOS-RPO"系统技术异化应用对外空安全的潜在威胁 [J]. 空间碎片研究, 2019(4): 34-44.

[2] 李侃. 全球首个商业在轨服务航天器任务拓展飞行器 [J]. 国际太空, 2019(11): 4-7.

[3] 邢强. 人类首颗！在轨维护卫星的技术分析与军事商业展望 [Z]. 2019.

[4] 翟光. 静止轨道卫星在轨延寿技术研究进展 [J]. 宇航学报, 2012 (7): 849-859.

[5] 王阳阳. 轨道 ATK 推出新型在轨服务飞行器 [J]. 中国航天, 2018 (5): 74-75.

[6] 兰顺正. 首颗在轨维护飞行器升空 [Z]. 2019.

[7] MARTIN M, PFRANG K, WEEDEN B. Commercial and Civil Robotic Rendezvous and Proximity Operations[R]. Washington: Secure World Foundation, 2021.

第四篇　导弹预警

弹道导弹射程远、精度高、威力大、突防能力强，已经成为现代战争不可或缺的武器。对于一个国家来说，光有进攻型的导弹是不够的，还要有防御和反击的能力，能够提前知道敌国何时何地发射了导弹，在敌国导弹没有落地前，进行有效的防御与有力的反击。导弹预警利用天上的预警卫星、地面的预警雷达，提前预警敌方来袭导弹。导弹预警不仅需要强大的监视网络不间断地对目标区域进行监视，还要及时准确判明导弹发射并发出警报。

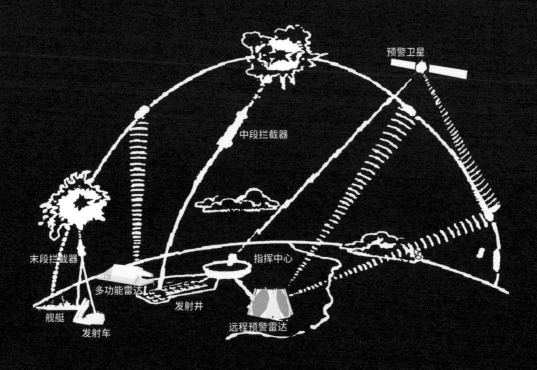

案例十二　美国地基中段反导试验
——双弹齐射，锤炼国土安全"金钟罩"

美国空军中将塞缪尔·A.格雷弗斯在FTG-11反导试验后说到，基于地面的中段防御系统对于保护我们的国家意义重大，本次试验表明，我们对真正的威胁具有强大而可靠的威慑力。

一、案例概述

2019年3月25日，美国导弹防御局在地基中段反导拦截试验中，首次成功拦截"来袭洲际导弹"，这标志着美国在导弹拦截中取得里程碑式的成功，引发了五角大楼一片欢呼。世界各国舆论也认为，美国洲际弹道导弹拦截系统正日趋完善。但是在美国内部，对试验能否体现真实情况下的反导防御能力还存在质疑。本次试验的假想敌究竟是谁？是否如美方所说，仅仅是应对朝鲜和伊朗等国的有限核威慑？

通过研究美国双发齐射反导试验的经过，学习其地基中段防御系统的构成、典型作战过程和具备的能力，了解美国导弹预警体系与信息流，一窥美国近年来反导战略变化，分析美军不断提升的反导防御能力对世界太空局势和战略平衡带来的影响。

二、案例详情

（一）主要试验流程

美国时间2019年3月25日22点30分左右，美国导弹防御局进行了一次反导试验,试验代号"FTG-11",官方全称为"Flight Test Ground-Based Midcourse Defence-11",即"地基中段导弹防御飞行测试-11"。FTG-11反导试验的主要流程如下图所示。

FTG-11 反导试验流程

本次试验选用美国洲际弹道导弹(ICBM)远程弹为靶弹。试验开始后,美军在太平洋马绍尔群岛夸贾林环礁发射靶弹,靶弹飞往美国本土。随后,美军天基、地基、海基等多种传感器发现飞行中的靶弹,对目标进行跟踪,并持续向指挥控制、战斗管理与通信(C2BMC)系统提供靶弹跟踪信息。其中,天基红外预警卫星负责发现和跟踪处于助推段的靶弹;前置部署在威克岛的AN/TPY-2(萨德系统的雷达)参加了早期监视,其主要任务是对靶弹进行早期跟踪和身份识别;部署在太平洋上的SBX大型反

案例十二　美国地基中段反导试验——双弹齐射，锤炼国土安全"金钟罩" | 195

导雷达也参与了此次试验，其主要任务是对靶弹进行精确跟踪，持续更新目标靶弹飞行弹道。地基中段导弹防御（GMD）系统接收到靶弹跟踪信息后，制定了火控拦截方案，从美国加利福尼亚范登堡空军基地相继发射（齐射）两枚反导拦截器，拦截器在飞行途中能够实时接收地面控制指令，拦截器的红外导引头能够主动捕获、跟踪和识别靶弹。最终拦截器成功摧毁了模拟洲际导弹的靶弹。

（二）参与试验的主要装备

参与本次试验的主要装备包括美国天基预警系统（可能为DSP或SBIRS或STSS等）、地基预警系统（AN/TPY-2雷达）和海基预警系统（SBX-1）以及指挥控制、战斗管理与通信（C2BMC）系统和地基拦截弹（GBI）。

（三）FTG-11中段反导"齐射模式"

用于拦截ICBM靶弹的两枚动能弹头中，一枚弹头称为"GBI-Lead"（疑似为CE-II Block I GBI弹头），另外一枚称为"GBI-Trail"（疑似为CE-II GBI弹头）。试验中，GBI-Lead成功摧毁了ICBM靶弹弹头，然后GBI-Trail对拦截产生的碎片和剩余目标继续进行观测，在没有找到任何弹头目标的情况下，选择了它可以识别的下一个"最致命的目标"，并对该目标进行拦截摧毁。这次测试成功验证了这种"双击"动能拦截器的拦击模式，即第一个拦截器成功击中目标后，第二个拦截器对打击产生的碎片和剩余的物体进行观测，搜索有没有其他的飞行弹头，选择下一个"最致命的目标"并进行攻击。

试验成功当天，美国导弹防御局发布新闻称：导弹拦截试验达到了预期目标，这次试验的成功证明了在导弹防御系统中使用齐射战术的可行性。新闻还称，地基中段反导系统对美国的国土防御至关重要，试验表明，美国已经形成强大而可靠的威慑力来应对现实威胁。

一直以来，在美国部署的各型反导系统中，地基中段反导系统花费最多，然而拦截成功率却不高，仅有 52%。有专家表示，从此次拦截效果来看，美国今后对洲际弹道导弹的拦截率能上升至 75%。

三、案例分析

（一）美国导弹预警体系关键点分析

在美军导弹预警体系中，其重要节点主要有北方司令部的导弹预警中心、预警卫星、远程预警雷达和多功能雷达。

导弹预警中心主要完成预警信息的综合分析，为导弹防御指挥官直接提供决策建议。导弹预警中心部署在美国本土，不易遭受打击；并采用异地备份部署方式，可以在遭袭损毁后迅速启用备份中心。

预警卫星主要负责获取敌导弹助推段预警信息，可以为远程预警雷达提供引导信息，其功能不可替代，但是卫星自身防护能力弱，如果因为故障或遭受攻击导致损毁，短期内难以恢复。

远程预警雷达根据预警卫星提供的引导信息，完成敌导弹上升段、中段的跟踪测量，报送导弹航迹信息；多功能雷达根据远程预警雷达提供的导弹航迹信息，完成导弹弹头的跟踪识别，并提供更为精确的导弹飞行航迹。这两种雷达具有一定防护措施，但遭袭损毁后在短期内难以恢复。

对美国导弹预警作战体系中各系统、各要素功能作用的重要性、易毁性进行比较分析，梳理美国导弹预警体系重要节点的关键能力、关键需求及关键薄弱点如下表所示。

美国导弹预警体系重要节点分析表

关键能力	1. 北方司令部导弹预警中心指挥控制能力； 2. 预警卫星侦察监视能力； 3. 多功能雷达精确识别能力； 4. 导弹防御网络高效信息互联能力； 5. 前沿军事基地和预警雷达防卫作战能力
作战依托	1. 预警指挥系统； 2. 天基信息系统； 3. 导弹防御网络系统； 4. 军事基地依托
生存薄弱点	1. 预警卫星； 2. 前置部署多功能雷达； 3. 固定早期预警雷达； 4. 预警信息传输网络

（二）美国导弹预警体系与信息流

2000年以来，美国弹道导弹防御的作战区域从美国本土扩大到了全球范围，其原有导弹防御理论体系和导弹预警系统已经无法适应最新的军事需求。为此，美军以网络中心战理论为理论依据，基于美军共用通信网络、共用操作环境（COE）等基础设施，按照"统一共用、强化通用"的建设思路，统一系统架构、技术体制，建设作战司令官一体化指挥控制系统（CCIC2S）、指挥控制、作战管理和通信系统（C2BMC）等网络化、分布式信息系统，逐步实现了美军防空预警、导弹预警、太空监视能力的一体化建设。美国导弹预警体系的整体组成如下图所示。

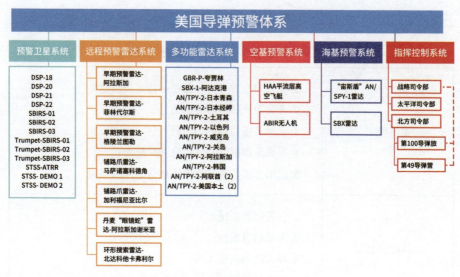

美国导弹预警体系

信息流程方面，为确保尽早预警，尽快打击，美军导弹预警体系实现了预警信息同步报送给战略决策机构和战术指挥控制单元。在导弹预警和拦截作战过程中，首先是预警卫星和P波段预警雷达发现导弹发射事件，其预警信息一方面直接上报给战略司令部和北方司令部，用于支撑战略决策，另一方面同步发送给第100导弹旅等作战部队，这些作战部队是执行导弹拦截的作战单元。第100导弹旅等作战部队收到预警信息后，利用C2BMC系统引导"宙斯盾"AN/SPY-1雷达（S波段）、AN/TPY-2雷达（X波段）、SBX雷达（X波段）、丹麦"眼镜蛇"雷达（L波段）等装备，对飞行过程中的导弹进行探测，在融合处理各类型数据后，就可以计算获得导弹的精准飞行航迹。作战部队根据导弹的飞行区域、飞行高度等信息，选取合适的拦截武器，在获得武器发射授权后立即执行拦截任务。战略司令部和北方司令部同步掌握导弹防御体系的全部信息流，用于开展作战决策和评估拦截效果。美国地基中段反导防御交战流程如下图所示。

案例十二 美国地基中段反导试验——双弹齐射，锤炼国土安全"金钟罩" | 199

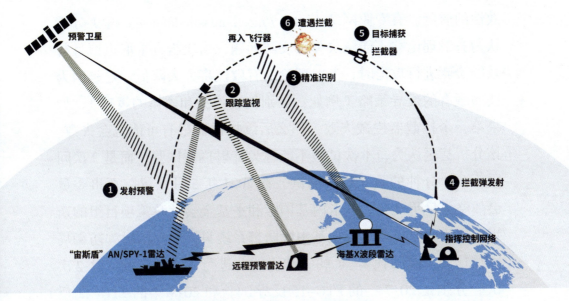

美国地基中段反导防御交战流程

四、案例启示

导弹预警，看清导弹威胁的"天眼"

1. 试验目的是否达到？

本次双发齐射拦截试验成功后，美国导弹防御局局长萨缪尔·戈里维斯在声明中表示，这是美国导弹拦截体系的一个里程碑事件，能够对构成重大军事威胁的他国洲际导弹进行齐射拦截。美国 CNBC 网站称，此次参与测试的地基中段反导系统是美国现役唯一可以应对洲际导弹的拦截系统，尽管该系统已经投入使用超过 10 年，但这次齐射拦截旨在提高反导系统的命中率，同时可以化解敌方导弹释放诱饵等行为。美国国防部更是宣称："本次试验的目的是消除中远程弹道导弹的威胁"。

然而在美国内部，却出现了对试验结果能否证明齐射战术有效性的质疑。有专业网站（http://mostlymissiledefense.com/）分析认为齐射理论并不能解决弹头突防问题，当攻击方采取审慎且有效的步骤进行攻击时，齐射理论的有效性将大大降低。这是因为按照现有的反导策略（例如：区别伪装弹头和诱饵的策略），如果第一个拦截器拦截失败，那么后续拦截器很有可能也会失败。该分析甚至认为，本次试验不能称为齐射拦截试验，而是2次间隔不到1分钟的独立拦截测试。在2021年5月众议院军事委员会战略力量听证会上，卡内基国际和平基金会核政策项目组的斯坦顿高级研究员表示：地基中段防御系统只针对美国导弹防御局所描述的"威胁代表"（朝鲜和伊朗）进行了2次试验，这2次试验分别是2017年的FTG-15反导试验和2019年的FTG-11反导试验，试验假想了这些"威胁代表"对美国本土进行洲际弹道导弹攻击。尽管试验中成功拦截了靶弹，但这2次试验的靶弹都无法真实地体现发射到美国大陆的朝鲜洲际弹道导弹的真实弹道、飞行速度以及可能具备的突防措施。

虽然本次试验还不能完全模拟实战状况，但总体来看，美国地基中段反导试验条件愈加复杂，场景逐步趋于实战，美国中段防御系统能力发展迅速，导弹拦截能力显著提高，值得高度关注。

2. 美国地基中段反导试验究竟针对谁？

美国反导试验成功后的第二天，韩国《朝鲜日报》表示，此举针对朝鲜意图强烈。在2017年11月，朝鲜发射洲际导弹，宣布具备打击美国本土全域的核武力，而后美国总统特朗普在2019年1月宣布加强导弹防御体系计划。有专家表示，尽管试验取得重大进展，但此次拦截试验条件设置简单，只能应对数量有限的洲际导弹，无法应对核大国的导弹突防。美国有线电视新闻网也认为，美国反导试验的举动就是针对朝鲜等假想敌。

然而俄罗斯则认为，美国正在削弱俄罗斯战略威慑能力。俄罗斯表示，美军此次反导试验已经证明，当前俄罗斯洲际导弹采用的诱饵弹头、电子干扰等导弹突防技术正在逐渐失效，一旦美军具备成熟的多发齐射拦截技术，俄罗斯的多导弹齐射将难以突破美国反导防御体系，美军不断进行的导弹防御试验，正在迫使俄罗斯加速新一代洲际导弹的研制。

自小布什政府以来，美国的官方说法一直声称美国本土导弹防御系统是为了对付来自朝鲜或伊朗的洲际弹道导弹威胁，不针对俄罗斯和中国。2017年发布的《导弹防御2020》报告中也声称，美国当前的防御策略不是防御来自俄罗斯或中国的小规模的导弹打击，而是重点防御来自朝鲜和伊朗的有限的洲际弹道导弹，是一种进攻性的战略威慑。

然而在最近几年，美国关于国土导弹防御目标传出了不一样的信息。美国总统特朗普在2019年曾公开表示，美国导弹防御的目标是"确保我们能够探测并摧毁任何针对美国发射的导弹——任何地区、任何时间、任何地点"。尽管在2019年《导弹防御审议报告》正式报告中没有采纳总统的说法，而是重申了国土导弹防御的"有限"目标，但这也能看出美国在导弹防御策略上蠢蠢欲动。报告最终的内容措辞谨慎，说明了导弹防御系统的话题高度敏感性。

导弹防御系统不是简单的防御性武器。对于实行战略核威慑的任何两个对手国家来说，国家之间的战略稳定依赖于两国间相互具有核报复能力。但是如果某一方具备了核武器防御能力，这种平衡将被打破。一方对另一方实施首次打击后，本来另一方可以通过核武器实施可靠的报复打击，但攻击方的核武器防御系统将削弱或消除这种报复打击。因此,受攻击方的报复能力将不再得到保证。这必将诱发各国陷入"囚徒困境",在不断开展军备竞赛的同时,潜在的受攻击方首先使用核武器的意愿也在不断提升。

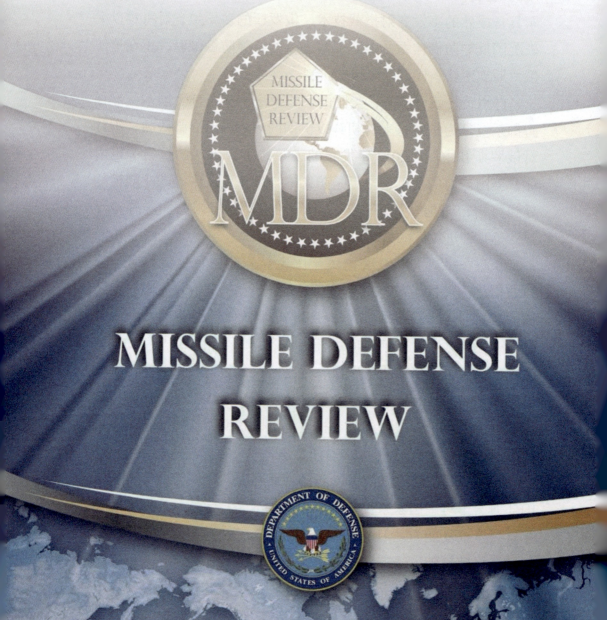

附录一 美国导弹预警装备部署介绍

1. 天基预警卫星

美国在役部分预警卫星如下表所列。

美国在役部分预警卫星

卫星名称	中文名称	发射时间	轨道类型
DSP-18	国防支援计划-18	1997-02-23	地球同步
DSP-20	国防支援计划-20	2000-05-08	地球同步
DSP-21	国防支援计划-21	2001-08-06	地球同步
DSP-22	国防支援计划-22	2004-02-14	地球同步
SBIRS-01	天基红外系统-01	2011-05-07	地球同步
SBIRS-02	天基红外系统-02	2013-03-19	地球同步
SBIRS-03	天基红外系统-03	2017-01-21	地球同步
Trumpet-SBIRS-01	军号-天基红外系统-01	2006-06-28	大椭圆
Trumpet-SBIRS-02	军号-天基红外系统-02	2008-03-13	大椭圆
Trumpet-SBIRS-03	军号-天基红外系统-03	2014-12-13	大椭圆
STSS-ATRR	空间跟踪与监视系统-ATRR	2009-05-05	低轨
STSS-DEMO 1	空间跟踪与监视系统-DEMO 1	2009-09-25	低轨
STSS-DEMO 2	空间跟踪与监视系统-DEMO 2	2009-09-25	低轨

2. 远程预警雷达

3部改进型早期预警雷达（UEWR）分别部署在阿拉斯加的克利尔、英国的菲林代尔斯和格林兰的图勒；2部"铺路爪"（PAVE PAWS）雷达分别部署在马萨诸塞州科德角的奥蒂斯空军基地和加利福尼亚州比尔空军基地，分别用于探测从大西洋和太平洋的潜艇发射的弹道导弹；1部"丹麦眼镜蛇"雷达部署在阿拉斯加州谢米亚岛，用于搜索、探测海上发射的弹道导弹及洲际弹道导弹。下表为美国远程预警雷达部署情况。

美国远程预警雷达部署情况

名称	阵面数量	部署阵地	工作频率/兆赫	作用距离/千米	主要任务
AN/FPS-132	三面相控阵	菲林代尔斯	420~450	4800	对弹道导弹的探测、跟踪并计算弹道数据,兼近地太空目标监视
AN/FPS-132	双面相控阵	图勒	420~450	4800	对弹道导弹的探测、跟踪并计算弹道数据,兼近地太空目标监视
AN/FPS-132	双面相控阵	克利尔	420~450	4800	对弹道导弹的探测、跟踪并计算弹道数据,兼近地太空目标监视
AN/FPS-132	双面相控阵	比尔	420~450	5500	对弹道导弹的探测、跟踪并计算弹道数据,兼近地太空目标监视
AN/FPS-132	双面相控阵	科德角	420~450	5500	对弹道导弹的探测、跟踪并计算弹道数据
AN/FPS-108	单面相控阵	谢米亚	1175~1375	4600	观测搜集远程弹道导弹及其载入飞行数据以及太空目标监视

注:作用距离为对雷达反射截面为 1 米^2 目标。

3. 多功能雷达

GBR-P 雷达部署于太平洋中部夸贾林环礁靶场,主要用于中段反导拦截试验。SBX-1 雷达安装在钻井平台上,母港位于阿留申群岛阿达克港,可根据需要灵活部署,主要用于防御俄罗斯方向来袭的弹道导弹和进行中段反导拦截试验。AN/TPY-2 雷达探测距离远、分辨率高,具备公路机动能力,雷达可用大型运输机空运,战术战略机动性好。分别部署在美国、土耳其、以色列、卡塔尔和日本。此外,美国在 2017 年年底在韩国部署"萨德"系统 [即末段高空区域防御(THAAD)系统]。

附录二 美国导弹防御能力和计划

自 2002 年布什政府决定退出冷战时期的《反弹道导弹条约》以来，美国的政策是依靠国土导弹防御来应对"有限"弹道导弹威胁。地基中段防御（GMD）系统是唯一从头开始研发的系统，用于应对飞向美国本土的洲际弹道导弹威胁。为此，2019 年导弹防御审查（MDR）还特别指出，"GMD 系统旨在防御来自朝鲜和伊朗等国家的现有和潜在的洲际弹道导弹威胁。"地基中段防御系统作战过程如下图所示。

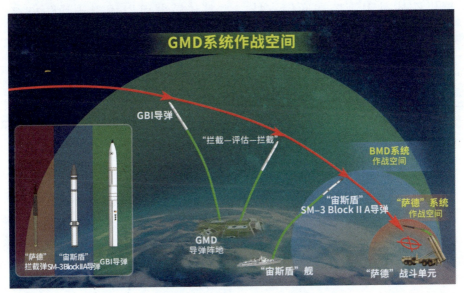

地基中段防御（GMD）系统

2020 年 6 月，美国国防部正式提出"分层国土导弹防御"规划，即在现有地基中段防御系统 2 次拦截的基础上，增加"宙斯盾"弹道导弹防御系统（使用 SM-3 Block IIA 导弹）、改进型"萨德"（THAAD）系统。新增的 2 套系统将各实施一次拦截，提升对洲际弹道导弹的拦截成功率。

美国部署了多层导弹防御系统,以抵御不同射程的弹道导弹和巡航导弹威胁。但必须强调的是,已经部署的导弹防御系统和拦截弹都是针对弹道导弹目标的部分弹道。换句话来说,某一特定防御系统只能拦截和摧毁特定射程的导弹,各系统之间的能力重叠有限。

美国目前部署的导弹防御系统和拦截弹主要在弹道导弹的中段和末段进行拦截。美国导弹防御体系中,位于全球各地的各种高度复杂的陆基、海基和天基传感器系统为导弹防御任务提供早期预警、跟踪和识别,指控、作战管理与通信系统等为导弹防御提供作战过程管控和通信支持,空基传感器可以用于导弹防御有关试验活动的测试和评估。

2020年11月,美国导弹防御局"宙斯盾"弹道导弹防御系统使用SM-3 Block IIA导弹成功拦截1枚洲际弹道导弹靶弹,这是SM-3 Block IIA导弹首次参与洲际弹道导弹拦截试验,验证了SM-3 Block IIA导弹对洲际弹道导弹的拦截能力,这次测试的官方名称为FTM-44,其任务流程如下图所示。

此次试验同时说明"宙斯盾"弹道导弹防御系统和SM-3 Block IIA导弹可以担负美国"分层国土导弹防御"的低层导弹防御任务,通过将"宙斯盾"弹道导弹防御系统和SM-3 Block IIA导弹尽量靠前部署,就能够在对手的洲际弹道导弹的上升阶段进行拦截,提升整个防御系统对洲际弹道导弹的拦截次数,提高拦截成功率。"宙斯盾"作战系统网络模块示意图如下图所示。

目前的导弹防御系统主要有:地基中段防御(GMD)系统、"宙斯盾"弹道导弹防御(BMD)系统、"萨德"(THAAD)系统以及"爱国者-3"(PAC-3)系统。

案例十二 美国地基中段反导试验——双弹齐射，锤炼国土安全"金钟罩" | 207

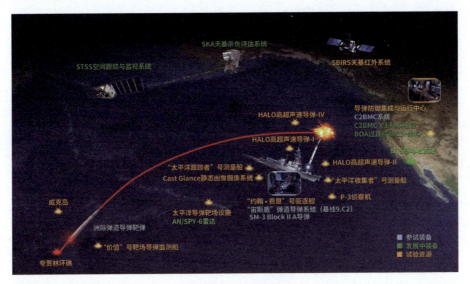

FTM-44 任务流程

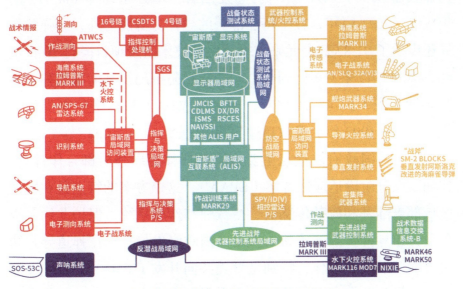

"宙斯盾"作战系统网络模块示意图

导弹防御系统采用了不同型号的拦截弹。地基中段防御系统使用地基拦截弹，这些拦截弹部署在阿拉斯加的格里利堡和加利福尼亚州的范登堡空军基地。"宙斯盾"弹道导弹防御系统使用 SM-3 Block IA/IB 拦截弹和 SM-6 导弹进行导弹拦截，海基、陆基均可部署。末段高空区域防御（THAAD）、"爱国者-3"系统也使用相应的拦截弹。"萨德"系统、"爱国者-3"系统以及海基和陆基"宙斯盾"弹道导弹防御系统部署在欧洲和亚洲，提供战区导弹防御，以保护美国军队、军事设施和盟国领土免受弹道导弹和巡航导弹威胁。目前所有类型的拦截弹都通过直接动能撞击或破片杀伤来拦截目标。

在现有的能力基础上，美国导弹防御局还在持续研究、开发和评估一系列新的传感器、拦截弹和导弹防御相关技术，这些项目涵盖了高超声速导弹防御、传感器集成、新型杀伤器（通用杀伤器技术项目）以及"萨德""爱国者"增强型导弹（MSE）的集成等。2021 财年，在维持已部署的导弹防御能力外，导弹防御局还申请了 91.87 亿美元来支持这些新技术研发项目。自 20 世纪 80 年代中期以来，美国国会已经为导弹防御局及其前身的弹道导弹防御组织（1974—2002 年，更名为 MDA）和战略防御倡议组织（1984—1993 年）拨款超过 2000 亿美元。

历届美国政府注重与主要盟国保持弹道导弹防御合作计划，比如欧洲分阶段适应性方案（EPAA），这个方案的特点是在欧洲区域部署陆基和海基传感器、拦截弹和作战系统，保护北约领土免受弹道导弹扩散的威胁。历届美国政府也与日本在弹道导弹防御方面开展广泛合作，特别是日美共同开发了 SM-3 Block IIA 导弹。在导弹防御方面，韩国和澳大利亚也一直是美国政府的密切合作伙伴。三十多年来，美国也在持续支持以色列构建本国导弹防御能力。

参考文献

[1] 章节. 美国首次齐射拦截洲际导弹破解诱饵弹突防手段 [N]. 环球时报, 2019-03-27.

[2] 邵旭峰. 美国两弹齐飞,再次成功拦截洲际导弹![Z]. 2019.

[3] What Did FTG-11 Actually Prove? [EB/OL]. (2019-04-03) [2022-12-27]. https://mostlymissiledefense.com/2019/04/04/what-did-ftg-11-actually-prove-april-4-2019/.

[4] 胡彦文,贾晨阳. 装备透视丨美国地基中段防御系统 [Z]. 2021.

第五篇　太空环境监测

太空环境看似平静、波澜不惊，实则暗潮涌动、变幻莫测，其覆盖范围广、作用机理复杂，对在其广大空间内运行的航天器、导弹、电磁信号等有着持续而复杂的影响。

案例十三　太空环境对航天活动的影响
——无时无刻的"关怀"

对于航天器而言,太空环境无时不在、无处不在,既是航天器生活的所在,也时刻影响着航天器的工作状态。

一、案例概述

太空环境指地球大气层之外的地球空间环境、深空环境以及太阳系以外的宇宙空间环境。地球空间环境是地球引力主作用范围的、与人类紧密相关的太空环境;深空环境是地球空间环境以远的太空环境,包括行星环境、行星空间环境及行星际环境;太阳系以外的宇宙空间环境可分为恒星际空间、恒星系空间及星系际空间等。

学习太空环境的典型案例,了解太空环境基本情况,掌握太空环境对人类航天活动的影响。

二、太空环境的影响因素

太空环境扰动的源头是太阳。当太阳爆发耀斑、质子事件、日冕物质抛射等剧烈活动时,太阳风携带的大量能量和动量通过一系列复杂动力学、电动力学以及光化学过程传输到近地空间,在近地空间产生辐射环境扰动(高能电子暴)、地磁扰动(磁暴)、电离层扰动(电离层暴)以及中性大气扰动(热层暴),这将严重影响在轨航天器的正常运行和效能发挥。太空环境的影响主要表现为中性大气环境效应、等离子体电磁环境效应以及高能粒子辐射环境效应。

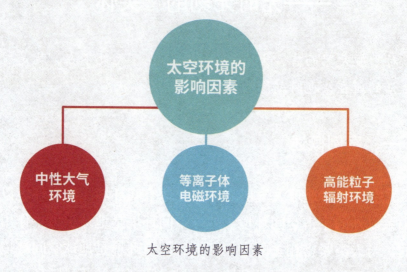

太空环境的影响因素

（一）中性大气环境效应

中性大气环境影响低轨飞行器（低轨航天器、碎片、导弹弹头以及临近空间浮空器）的运行，主要表现在两个方面：一是增加对飞行器的阻力，导致轨道改变、轨道衰变直至陨落，缩短使用寿命；二是中性大气中的氧原子对飞行器表面材料的剥蚀和污染，加速材料的老化。

太空高层大气能够对低地球轨道的飞行器产生阻力，从而使无动力飞行的航天器轨道逐渐降低，直至最终陨落。飞行器在无动力飞行状态下，其受到的大气阻力大小，影响着轨道的陨落速度。在不同太阳活动水平、不同地磁指数和轨道条件下，中性大气密度也会剧烈变化，导致航天器受到的大气阻力随之变化，并带来轨道衰变率的变化，影响航天器的轨道寿命。研究表明，一次地磁扰动事件会造成低轨航天器增加约60%的额外轨道衰减。这种轨道衰减的剧烈变化特性，不仅影响低轨航天器的精密定轨、轨道预报、寿命估算以及碰撞预警,还影响弹道导弹的精确打击和防御拦截。因此,不论是火箭、导弹飞行计划的制定,还是航天器的设计、发射和运行,都必须考虑中性大气的效应。

(二)电离层电磁环境效应

电离层是指地面以上 60~1000 千米之间区域大气被电离的部分,是太空环境的重要组成部分。穿越电离层或在电离层中传播的无线电波信号会出现折射、反射、散射、吸收、闪烁和法拉第效应等现象,影响通信、定位和导航信号质量和精度。

根据电波信号是否穿越电离层传播,可以将电离层对用频系统的影响分为两种类型。一种是对星地链路系统的影响,比如卫星通信、导航定位等系统,其电磁波信号需要穿过电离层并在其中传播。当信号通过电离层到达接收机时,电离层媒质的不均匀性会产生信号延迟、信号衰落和闪烁,可能会导致信噪比下降、误码率上升等现象;第二种是对短波系统的影响,短波系统是通过电离层反射实现超视距通信的用频系统。当电离层扰动时,会造成短波通信选频困难,甚至无法进行短波通信等情况。

(三)带电粒子辐射环境效应

带电粒子辐射环境是影响卫星安全运行的主要环境,带电粒子主要包括高能质子、高能电子和热等离子体。

高能质子主要来源于两个方面:一个是来自银河系的高能宇宙线粒子;另一个是来自太阳爆发产生的高能质子。银河宇宙线一般比较稳定,强度变化很小;太阳质子事件与太阳爆发性活动相关,具有突发性特点。太阳爆发活动时,会喷发出大量高能粒子(主要是高能质子和少量的高能重离子),这些高能粒子到达地球附近,引起质子事件。质子事件期间,急剧增加的高能带电粒子会导致在轨卫星出现单粒子效应和辐射损伤效应。

高能电子具有很强的穿透能力，它能够穿过卫星舱壁，沉积在卫星内部的印制电路板、电缆等介质当中，引起卫星异常甚至失效。这是引起中高轨卫星异常的主要原因之一。

地磁暴发生时产生的热等离子体，会沉积在航天器表面，引起中高轨航天器表面充电。航天器不同表面因其材料和所处位置的不同，可能充至不同的电位，当电位差较高时会引起静电放电。

据统计，1971年2月至1986年11月，美国卫星出现的1589次异常事件中，高能粒子直接诱发的异常事件占16.7%。此外，高能粒子还可能对航天员的人体细胞、组织，乃至器官产生强烈辐射，造成身体伤害。

三、太空环境影响典型案例

（一）史上最强磁暴"卡林顿事件"

1859年9月1日，太阳北侧的大黑子群内突然出现极其明亮的白光，形成一对明亮的月牙形。"卡林顿事件"是由英国天文爱好者卡林顿首先观测而命名，这是有记录以来地球所经历过的最强太阳风暴。事件期间，天文学家观测到了有记录以来最强的极光，这个记录一直保持到现在。从美国南部到北部、欧洲、亚洲、澳大利亚等地区都观测到了极光，并且在离地球磁赤道23°处都能看到像血一样的红色辉光。当时正处于工业革命时代，人类对于高技术系统的依赖还没那么强烈，所以当年的"超级太阳风暴"并没有给人类带来严重的灾难。事件发生后17.5小时，各地电报局电报机的操作员报告称他们的电报机出现闪火花现象，电报机电线也发生熔化情况，并且随着时间推移，因电报线路异常充电,还引发了电报员触电和烧毁电报纸的现象。

(二)强太阳风暴险些引起美苏核战争

1967年5月23日,一场强烈的太阳风暴严重影响美军位于北极地区部署的导弹预警与无线电通信系统,这套系统主要用于监测苏联的弹道导弹。这让美军误认为是苏联军方在人为干扰系统运行,并认为苏联很快将对美国发起核攻击,于是美军作战指挥中心命令携带核弹的飞机起飞巡航。幸运的是,美国军方从20世纪50年代末就开始了对太阳活动和地球电磁活动的研究,美国和加拿大共同组建的北美防空司令部每天都将接收和处理数个观测站提供的太阳活动信息。当天,值班的美军太空环境技术人员对太阳和地磁活动数据信息分析后认为,此次严重干扰事件是由一次较强的太阳风暴所导致。美军太空环境技术人员及时将这一结论报告给美军作战指挥中心,及时"让紧绷的神经放松下来,战机发动机重新冷却,回到正常警戒状态",一场潜在的灾难性军事冲突与人类擦肩而过。

(三)太空环境预报助力美军打赢科索沃战争

科索沃战争中,以美国为首的北约在发射巡航导弹或投掷制导炸弹实施精确攻击作战的同时,还采用了电子战作战方式,这是高技术条件下夺取战场主动权的作战方式,包括电子侦察与反侦察、电子干扰与反干扰和电子摧毁与反摧毁。电子战的实施是同太空环境即太空电磁环境紧密联系在一起的。

1999年3月24日晚,从美国本土、英国和意大利空军基地起飞的北约战机和亚得里亚海上的美军舰艇发射的30余枚卫星制导的"战斧"式巡航导弹,对南斯拉夫境内的20多个军事目标实施了大规模空袭。美军在战争中使用的电子系统包括国防保障卫星系统(DSP)、军用气象卫星系统(DMSP)、军用通信卫星系统（DSCS）。其中，军用气象卫星系统负责收集军用气象和太空环境资料，提供可见光和红外云图和雷暴、龙卷风、台风的预报，测量带电粒子及电磁场，用来评估电离层对导弹弹道以及对远距离通信的影响。此外，军用气象卫星系统还担负着监测全球极光活动、预报太空环境对军事卫星影响的任务。正是美军军用气象卫星系统提供的太空环境信息支持，保障了北约部队制导导弹的打击精度和电子战的顺利实施。科索沃战争是充分利用太空环境助力打赢的现代化战例。

（四）强太阳风暴严重影响在轨航天器安全

2003年10月下旬到11月初，太阳爆发剧烈活动，大量太阳耀斑和日冕物质抛射引发了强地磁暴，太空环境出现强烈扰动，引起了一系列的航天器受扰事件。因时值西方万圣节期间，这次事件又被称为"万圣节事件"。这次强烈的太阳爆发活动所引发的质子事件和地磁暴，导致多个在轨航天器和太空系统遭受创伤：美国NASA计划实施的34项地球空间科学任务，有18项受到此事件影响；美国"火星奥德赛号"太空飞船上的火星环境辐射探测仪，受此事件影响而损伤报废；国际空间站被迫关闭了价值10亿美元的机械臂；欧空局Smart-1卫星的太阳电池受事件影响而损坏，能源系统受损；日本ADEOS-2卫星受高能粒子干扰而完全失效；受地磁暴影响，通信、导航系统严重受扰，导致多条飞行航线被迫关闭或改变航线。

（五）强地磁暴影响航天员活动

2021年11月上旬，近地空间爆发了4年来强度最高、持续时间最长的地磁暴事件，这导致近地轨道的大气密度增加了1倍以上，空间站轨道高度衰减量由每日数十米增加到每日近百米，这次地磁暴事件同时也影响了航天员舱外活动的正常实施。

案例十三　太空环境对航天活动的影响——无时无刻的"关怀" | 219

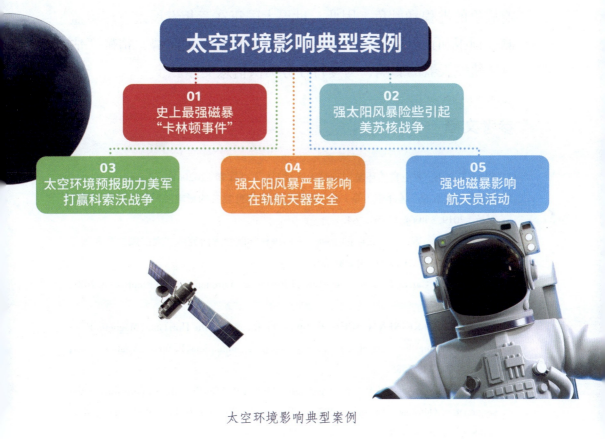

太空环境影响典型案例

四、案例启示

太空环境监测至关重要

太空环境覆盖了从地面几十千米至太阳表面的广大太空范围，涉及真空、电磁辐射、高能粒子辐射、等离子体、微流星体、行星大气、磁场和引力场等广泛复杂的电磁环境和媒质，并且还影响着在此广大空间中运行的卫星、导弹以及传播中的电磁信号等各类物体。特别是突发的灾害性太空环境事件，除了会影响人类正常生活所需要的无线通信、导航定位以外，甚至会影响战争的进程和胜负。因此，世界大国正在竞相发展太空环境监测、预报和预警业务，以准确掌握太空环境发展趋势，精确评估对在轨航天器的影响，为遂行任务提供信息支撑。

参考文献

[1] 宁艳, 王文梅. 太空自然环境影响航天活动 [J]. 太空探索, 2020(08): 55–56.

[2] 刘必鎏, 王新波, 汤泽滢, 等. 太空环境对空间信息装备的影响及对策 [J]. 航天电子对抗, 2019, 35(06): 47–50, 64.

[3] 龚则周, 李淼, 魏红祥. 太阳的威胁——中国科学院物理研究所"太阳风暴"主题讨论侧记 [J]. 物理, 2019,48(03):200–201.

[4] HUDSON H S. Carrington Events[J]. Annual Review of Astronomy and Astrophysics, 2021, 59(1):445–477.

[5] BLAKE S P, PULKKINEN A, SCHUCK P W, et al. Recreating the Horizontal Magnetic Field at Colaba During the Carrington Event with Geospace Simulations[J]. Space Weather, 2021, 19(5):e2020SW002585.

[6] MISHEV A L, VELINOV P I Y. Ionization effect in the Earth's atmosphere during the sequence of October–November 2003 Halloween GLE events[J]. Journal of Atmospheric and Solar–Terrestrial Physics, 2020, 211:105484.

第六篇　演习实践与探索

　　太空态势感知演习旨在发现太空态势感知力量运用过程中存在的薄弱环节，丰富完善太空态势感知理论，优化太空态势感知指挥流程，为未来态势感知技术与装备的发展方向和重点提供依据和参考。太空态势感知演习主要依托计算机模拟支持系统，通过分析工具、数据库和仿真软件为参演者模拟一个真实的太空环境，围绕太空态势感知数据共享、情报支援和指挥控制等现实问题进行桌面推演。

案例十四 "全球哨兵"演习
——态势感知迈向全球化

演习是真亦是假，真的是军民商一体、盟友联动，假的是以演习为借口，建立全球太空态势感知数据共享，拉帮结派，强化太空领域同盟关系。

一、案例概述

为了应对太空威胁、争夺太空优势，近年来美国持续推进太空态势感知能力发展。美国加速建设地基"太空篱笆"——太空目标监视雷达系统和覆盖全轨道的天基太空态势感知体系，不断提高美国太空态势感知的领先地位，还积极谋求与盟国开展太空合作，扩大太空态势感知的"朋友圈"。

2022年7月25日至8月3日美军在范登堡与其他23个国家一起开展了"全球哨兵"演习。"全球哨兵"演习是以美国为主导的国际太空联盟在太空态势感知方面进行的国际太空军事训练活动。从2014年开始，举行的"全球哨兵"系列演习就是美国加强国际合作、全面提升全球感知能力的重要一环。本案例将从演习基本情况、主要特点、演习意义和思考启示4个方面进行分析介绍。

研究本案例，对美国"全球哨兵"演习活动进行详细梳理研究，全面分析其演习目的、演习规模、参演国家、演习成果及年度演变进程，重点对演习中军民商融合、多国合作融合等成果实战转化和能力提升进行分析，进一步揭示太空态势感知在作战应用中的核心地位和发展制约因素，得出太空态势感知领域建设发展的启示。

二、案例详情

自2014年以来，美国已经联合多个参演方开展了太空态势感知演习。最初的3次太空态势感知演习被称为太空态势感知桌面演习，在2017年举行的第四次演习中，太空态势感知演习更名为"全球哨兵"演习。

2014年至2024年美国开展的太空态势感知演习

（1）2014年4月22日至26日开展了第一次太空态势感知桌面演习，参加演习的国家包括美国、澳大利亚、加拿大、法国、德国和英国6个国家。演习目标是：确定"提升太空作战中心合作伙伴之间的合作水平和互操作性，是否会提高个体和联合太空态势感知对作战的支持能力"。

（2）2015年10月26日至30日开展了第二次太空态势感知

桌面演习，参加演习的国家包括美国、澳大利亚、加拿大、法国、德国和英国6个国家，还有作为观察员的日本和一些商业机构。其目标是：确定"太空作战中心合作伙伴之间共享信息资源和数据产品，是否能提高个体和联合太空态势感知对作战的支持能力"。

（3）2016年9月21日至30日开展了第三次太空态势感知桌面演习。参加演习的国家包括美国、澳大利亚、加拿大、法国、德国、英国和日本7个国家，还有作为观察员的意大利和一些商业机构。其目标是：改进国家层面和联合层面的太空态势感知策略、技术和程序。另外，此次演习正式命名为"全球哨兵"演习，代号"GS-16"。

（4）2017年9月20日至29日开展了第四次"全球哨兵"演习，代号"GS-17"。参加演习的国家包括美国、澳大利亚、加拿大、法国、德国、英国、日本和意大利8个国家，还有作为观察员的西班牙和韩国，以及一些商业机构。此次演习进一步体现了国外主要航天国家期望通过改善太空感知能力，谋求共同太空安全的目标。

（5）2018年9月19日至28日开展了第五次"全球哨兵"演习，参演国家包括澳大利亚、加拿大、法国、德国、意大利、日本、韩国、西班牙、英国及相关商业实体。其中，韩国、西班牙从去年观察者的身份转变为全程参与者。来自丹麦、智利和挪威的代表以观察者身份参与演习。本次演习中，除了法国和德国直接并入联盟太空作战中心以外，其他力量都独立通过自己的太空控制中心来控制各自的太空态势感知力量，并通过联盟太空作战中心进行协调整合。具体的目标是，在给定每个伙伴当前已有的太空作战能力的情况下，确定对选定单元太空态势感知能力的改进对整体的作用。

（6）2019年9月23日至27日开展第六次"全球哨兵"演习，第六次"全球哨兵"演习是美国太空司令部成立后组织的首次太空态势感知演习，其目的是通过演练的方式进一步对太空司令部的作战指挥体制进行检验。对比前5次"全球哨兵"演习情况，美国始终十分重视盟国力量和民商力量引入后对太空态势感知力量的影响，因此第六次"全球哨兵"演习在原有美国、澳大利亚、加拿大、法国、德国、意大利、日本、韩国、西班牙、英国等国家和组织的基础上，进一步增加参演方，并将复杂体系下的作战指挥方式作为演习中研究的一个重点。

（7）2022年7月25日至8月3日开展第七次"全球哨兵"演习，自2019年9月开展第6次"全球哨兵"演习后，连续两年未见美军开展后续演习的相关报道。时隔3年后，据外媒报道，美军太空司令部于2022年7月底再次组织"全球哨兵"演习。此次演习共有美国、澳大利亚、比利时、巴西、加拿大、德国、以色列、芬兰、法国、英国、希腊、意大利、日本、韩国、荷兰、挪威、新西兰、秘鲁、波兰、葡萄牙、罗马尼亚、瑞典、泰国和乌克兰等24个国家参加，以多区域性太空作战行动中心为核心，以指控系统、传感器以及业务分析软件为支撑，以太空司令部统领整合方式，建立"伙伴关系之路"计划。

（8）2023年4月17日至4月27日开展第八次"全球哨兵"演习，演习地点为范登堡空军基地，演习目的是发射51个卫星（载荷），实时跟踪和编目低轨目标，完善太空态势感知战术、技术和程序。

（9）2024年2月5日至2月16日，开展第九次"全球哨兵"演习，演习地点为范登堡空军基地，印度、墨西哥和卡塔尔为观察方，共 28 个国家参加，本次演习使用了 97 个用于维持太空态势感知的传感器，旨在熟练掌握防范卫星相控、应对太空物体坠落等风险的太空合作程序。

美国"全球哨兵"演习均由美国军方组织，演习采用计算机仿真桌面演习的方式，目的是通过联合美国及其盟国的太空态势感知能力以增强在强对抗条件下的共同太空安全。在历次演习中，各参与国都设立了用于指挥和控制本国太空态势感知装备的太空作战中心（SpOC）。"全球哨兵"演习已成为美国及其盟国在太空领域开展战役战术级一体化指挥与控制的重要途径。

三、案例分析

（一）瞄准作战

"全球哨兵"演习始终围绕太空态势感知能力建设，把如何实现美国及其盟国太空态势感知装备的一体化指挥与控制作为中心来研究。在历次"全球哨兵"演习中，各国均设立有太空作战中心，从一开始就着重研究如何在战时条件下实现太空态势感知数据的作战应用，以及如何提升态势感知对于联合作战的支持能力，这充分体现了美国及其盟国期望通过改善太空态势感知能力谋求实战中对抗优势、保障太空安全的目标。

（二）仿真推演

"全球哨兵"演习采用计算机仿真桌面推演的方式进行。随着建模与仿真技术的不断进步，军用仿真系统已成为当前军事训练的支撑手段和作战分析的决策依据。以美国为代表的仿真技术优势国家，在紧缩开支、削减兵力、需求多样、威胁不确定、必须保持优势等大背景下，建模与仿真技术所具有的高效、可重用、节约成本、安全可靠、敏捷、创新等优势必将进一步凸显，美军战略规划、作战分析、装备采办、军事训练、后勤保障、技术研发等对建模与仿真技术的依赖将进一步加强，建模与仿真技术将更广泛渗透到军事国防的各领域。

（三）多国合作

"全球哨兵"演习最初设定的演习目标就是增强国家之间的合作关系，优化各国太空态势感知力量的资源配置，提升联合太空态势感知能力。自2014年的第一次演习开始，参加演习的国家就包括美国及5个盟友国家。经过不断发展，截至2024年已有28个国家参与"全球哨兵"演习。通过太空演习加强多国合作的同时，2011年美国出台《国家安全太空战略》，提出鉴于日益复杂的太空安全环境，各国应该合作，共同做好太空安全工作。截至2024年，美军已与相关国家、国际组织、商业机构签署了一百多份太空态势感知数据共享协议。美国将汇集多国的太空态势感知数据，实现对更多航天器准确数据的维护和共享。这些都反映了加强国际合作是美国太空能力建设发展战略的重要组成部分。

（四）军民融合

2022年之前的"全球哨兵"演习没有选择在美军军事机构举办，而是选择了位于弗吉尼亚州萨福克的洛克西德·马丁公司创新中心，该中心是专为美国执行军事任务提供计算机仿真解决方案的商业机构（该中心可以通过洛克希德·马丁公司内部的全球视频宽带网络与其他中心的27个节点连接）。此外，从第2次"全球哨兵"演习开始，历次演习都有商业机构参与，这也表明商业太空态势感知力量已充分纳入到美国的太空军事演习当中。

四、案例启示

"全球哨兵"演习,推动太空态势感知数据共享、指控一体化

1. "全球哨兵"演习促进美军太空态势感知能力快速发展

"全球哨兵"演习作为美军太空领域最为重要的演习之一,在美军太空作战能力建设中发挥着至关重要的作用,极大促进了美军及其盟友太空态势感知能力的迅速提升。

(1)提高太空态势感知领域一体化指挥与控制能力。

"全球哨兵"演习立足美军当前太空态势感知建设发展情况,始终围绕如何提高其太空态势感知领域一体化指挥与控制能力展开,涵盖了太空态势感知活动的目标探测、跟踪、识别,太空事件的评估、核实与环境监测预报等多个方面,最终实现美国及其盟国太空态势感知装备的一体化指挥与控制。

一方面,美军通过开展"全球哨兵"演习,强化了对盟国及有关组织的合作与管理,提高了美国在太空领域的国际地位,进一步演练了其在太空领域的一体化指挥控制能力。以"全球哨兵"演习为主的美军太空态势感知演习,表面上来看是一次盟国联合演习行动,深层意义上是指挥系统的顶层融合演练,是建立在各国独立行动之上的综合指挥决策机制。"全球哨兵"演习已成为美国及其盟国在太空领域开展战术战役级一体化指挥控制的重要途径。另一方面,各参与国在多次"全球哨兵"演习中均设立太空作战中心,将太空态势感知能力视作实施太空作战行动的基础,着重研究太空态势感知数据在战时条件下对联合作战行动的支撑作用,充分体现了其期望通过提高太空态势感知能力谋求太空作战行动中前瞻性、全局性的对抗优势,从而保障太空安全的目标。

(2)极力发挥同盟体系下国际合作与信息共享优势。

"全球哨兵"演习的最初启动,来源于美军强化其与盟友在太空领域合作与协同能力的现实需求。自第二次世界大战结束以来,美国一直维持着其同盟体系,形成"美国-欧洲"与"美国-亚太"两个极具代表性的同盟关系圈,并长期开展军事、经济等诸多领域的合作,具有稳固的合作基础。而历经9次"全球哨兵"演习,美军更是在此过程中不断深化其与盟友在太空态势感知领域的国际合作,推动美军与其盟友联合太空态势感知能力的生成。

一方面,"全球哨兵"演习作为多国联合演习,不断扩大演习参演方规模,进一步增强了美国同盟体系国家之间的合作关系,以实现各国太空态势感知力量的资源配置优化以及联合太空态势感知能力的稳步提升。自2014年第一次演习开始,相继有新的美国盟友通过从观察国到参演国身份转换的方式加入到演习中,"全球哨兵"演习的角色已由最初的美国及其盟友6个参演国逐步发展到28个。另一方面,"全球哨兵"演习强化了美军与其盟友的太空态势感知数据共享。美军近年来提出"盟军作战"思想以寻求太空安全,通过"全球哨兵"演习在太空态势感知领域开展国际合作与信息共享,构建一个广泛国际参与的"联盟太空作战中心"(combined space operations center,CSpOC),对多方太空态势感知数据进行整合,为更深层次的国际合作奠定数据资源基础。

(3)推动演习支持系统进入作战链条。

美军依托洛克希德·马丁公司等商业机构,探索军民融合的发展思路，在洛克希德·马丁公司创新中心建立桌面推演和战争模拟环境，研发一系列演习支持系统并运用于"全球哨兵"演习。"全球哨兵"演习作为计算机模拟演习，演习支持系统在其中发挥着重要作用。演习中配备了执行任务规划的特定域工具，通过分析工具、数据库和仿真模型，探索了指挥信息链路保障的新模式。同时，通过演习，进一步明确了系统需求与技术指标要求，验证了演习支持系统的可靠性，为推动演习支持系统进入作战链条提供了依据。

（4）形成一系列成果机制，为实战提供行动指导。

美国及其盟友通过太空军事演习，制定并完善了《联盟行动手册》，形成了联合太空态势感知的作战概念、战术、战技和战规，建立了太空态势感知资源共享程序，规范了联合训练的程序。通过演习，还改进了国家联合层面的太空态势感知策略、技术和程序，为后续太空政策制定、太空作战条令的修订提供了实践依据，为日后的实战行动提供了指南。

（5）美军主导全球态势感知能力逐步形成。

美军主导、多国参与、商业化支撑已经成了现行太空态势感知能力发展趋势。美军通过"全球哨兵"系列演习任务，已经越来越多地建立和参与双边及多边协议，在太空活动方面展开合作和共享数据，包括太空态势感知方面的合作。责任分担和能力建设是促进合作的两大主要动因，特别是当前新兴航天国家寻求强化本国能力，同时也在试图利用老牌航天国家的既有能力、资源和资产。太空态势感知通常由军事实体领导，民间实体从旁协助，提供技术专业知识、作业支持或开展研发，共同提升太空态势感知能力。由军方领导太空态势感知工作有两个原因：一是国家安全因素；二是军方实体掌握着执行太空态势感知所需的硬件。但是，随着技术和能力逐渐实现军民两用，太空态势感知的作用和责任可能会随着时间推移发生演变。

2. 太空态势感知发展方向与趋势

（1）天地一体全域综合探测。

通过"全球哨兵"系列演习，以美军为首，多国协同构建的天地一体、高轨低轨覆盖、广域监测与局域详查相结合的太空态势感知装备体系悄然形成，构成北至加拿大、挪威，南至巴西，东西横跨全经度的全球探测覆盖能力，具备探测高轨微小目标、近实时的太空态势感知能力。

（2）全谱段探测手段协同配合运用。

通过"全球哨兵"系列演习，美军加强了无论是地基光学望远镜和地基雷达的配合使用，还是SBSS和ODSI系统的合作监视，对于太空目标的感知已经从单一形式的感知系统发展成为多种探测器配合使用的形式，不仅充分发挥了各种探测器的优势，更重要的是各种探测器可以取长补短，最终获得目标更精确的数据。

（3）太空态势感知能力泛在化扩展。

通过"全球哨兵"系列演习，美军主导的各类支持系统、商用系统以及模拟训练系统已经成为了各参演国的标准化指挥手段；同时，其他国家的太空态势感知产品也将在演习中转变为共享产品，提高了泛在化的太空态势感知能力；如巴西、秘鲁等国通过演习填补了本国太空态势感知的空白，提升了应对未来太空作战的能力，不久的将来也会拥有自己的太空目标编目数据库。

（4）太空态势感知提升全域军事效能。

美国及其盟友在保持太空能力方面建立各种合作机制，有利于稳定其太空军事同盟关系。同时，多个国家设备联通、信息共享，有效提升了太空系统的弹性，形成了冗余可靠的态势感知能力，切实提高了美国及其盟国的太空态势感知能力。强大的太空态势感知能力能够为联合作战提供有效支撑，提升全域作战效能。

参考文献

[1] 宋万均. 美国空间态势感知力量研究 [J]. 中国航天，2019(5):18-20.

[2] 彭辉琼. 美国太空作战演习主要成果探析 [J]. 航天电子对抗，2019(2):59-64.

[3] 张保庆. 空间对抗装备与技术发展提速 [J]. 太空探索，2018(5):57-60.

[4] 宋博. 美国天基空间态势感知系统发展 [J]. 国际太空，2015(12):13-20.

[5] 慈元卓. 美国空军"太空军旗"演习剑指何方 [J]. 太空探索，2018(5):53-56.

[6] 曾德贤，周尚辉，刘舆. 美军"全球哨兵"演习推演系统研究 [J]. 中国指挥与控制学会通讯，2022(4):56-59.

案例十五 美国双小行星重定向测试试验
——拥有抵御"天灾"的力量

双小行星重定向测试(double asteroid redirection test, DART)试验不仅可以照亮小行星防御的"未来",也可以照亮宇宙碰撞学说的"过去",更是突破"太空马其诺防线"的推演。

一、案例概述

北京时间 2022 年 9 月 27 日 7 时 14 分左右,美国航空航天局(NASA)利用双小行星重定向测试探测器,成功抵达并撞击了一颗名为"迪莫弗斯"(Dimorphos)的双小行星系统伴星,测试该伴星撞击后运行轨道的偏转和变化。这是世界上首次实施小行星防御撞击试验,为今后人类可能需要的"小行星防御"提供数据和经验。

研究本案例,系统梳理美国双小行星重定向测试试验任务进

🚀 2021年11月23日
DART探测器在加利福尼亚州范登堡空军基地由"猎鹰9号"火箭搭载发射升空

🛢 2022年9月27日
DART探测器成功撞击近地双小行星系统伴星"迪莫弗斯"

🕒 2024年10月
欧空局(ESA)发射"赫拉"(Hera)航天器

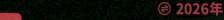
⇌ 2026年
"赫拉"航天器计划抵达"迪迪莫斯"近地双小行星系统

事件过程

程，借鉴其先进的经验方法，一窥美国太空态势感知力量在相关任务中的建设与发展。同时，通过分析试验数据，了解小行星探测在科学研究和人类社会发展中的重要作用。

二、案例详情

2021年11月23日晚10时21分，美国航空航天局（NASA）在加利福尼亚州范登堡空军基地将一枚DART探测器发射升空。

这枚探测器搭载在SpaceX公司的"猎鹰9号"火箭上发射，整个计划耗资3亿3千万美元。DART探测器携带称为DRACO的光学导引相机。DRACO用于DART探测器接近小行星时，为导航、瞄准以及确定撞击点等提供支持。DART探测器尺寸为1.8米×1.9米×2.6米，发射时质量约670千克，撞击时质量约500千克。在探测器撞击小行星的15天前，会释放一枚小型立方体卫星LICIACube，用来拍摄撞击过程和撞击后的照片。该卫星由意大利合作机构设计和建造。

DART任务由NASA行星防御协调办公室（PDCO）资助并负责监管，由约翰斯·霍普金斯大学应用物理实验室（APL）领导研制航天器，其他合作机构和公司包括喷气推进实验室（JPL）、戈达德太空飞行中心（GSFC）、约翰逊航天中心（JSC）、格伦研究中心（GRC）、兰利研究中心（LaRC）、SpaceX公司、航空喷气洛克达因（Aerojet Rocketdyne）公司、洛厄尔天文台（Lowell Observatory）等。

（一）任务由来

最初，NASA和ESA各自有小行星偏转计划。2015年NASA和ESA达成协议，决定联合实施"小行星撞击和偏转评估"

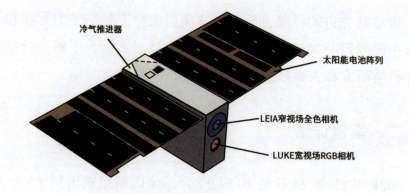

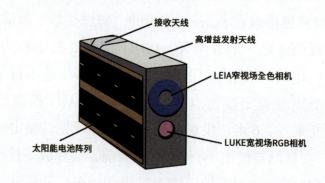

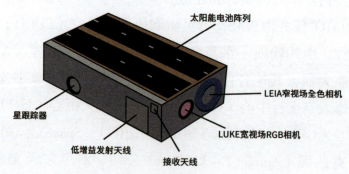

DART探测器不同视角下组成图

（AIDA）任务。AIDA任务分为两部分，包括NASA负责的DART任务以及ESA负责的"小行星撞击（AIM）"任务（该任务后来改为规模更小的"赫拉"任务）。

（二）目标天体

DART试验的撞击目标天体是一个近地双小行星系统，其主星名为"迪迪莫斯"（Didymos），直径约780米，形状类似核桃，1996年4月被发现，自转周期2.26小时；伴星名为"迪莫弗斯"，直径约160米，形状类似地雷，距离主星"迪迪莫斯"约1千米，2003年被发现。二者相当"亲密"，质心间距离仅有1180米。主星"迪迪莫斯"和伴星"迪莫弗斯"组成的近地双小行星系统绕太阳转一圈是770天，2003年最接近地球的时候距离是718万千米。

2010年，科学家们通过光谱等手段判定，"迪迪莫斯"双小行星是S型小行星，也就是以硅基物质为主的小行星。

根据任务设计，DART探测器将借助"侦察和小行星光学导航相机"（DRACO）和自主导航软件，以6.6千米/秒的速度撞向"迪迪莫斯"双星系统中的伴星"迪莫弗斯"。碰撞将使伴星"迪莫弗斯"在其围绕主星"迪迪莫斯"的轨道上的速度改变1/100，从而使小卫星的轨道周期改变几分钟。

通过地基望远镜观测双星系统亮度的变化规律，可以确定伴星"迪莫弗斯"的运行轨道。对比撞击前后伴星"迪莫弗斯"的轨道变化情况，可以精确评估本次撞击引发的偏转效果。

（三）撞击过程

DART探测器于北京时间9月27日7时14分左右成功撞击伴星"迪莫弗斯"。由DART探测器在撞击前15天放飞的立方体卫星LICIACube全程观察了撞击过程，如下图所示。通过回传的视频画面可见探测器距离小行星的表面越来越近，直至最后一帧画面中断，表明探测器成功撞击了小行星。

NASA 直播 DART 撞击过程画面

10月12日，NASA 的 DART 调查团队已经证实，航天器的撞击使伴星"迪莫弗斯"围绕主星"迪迪莫斯"的公转时间缩短了 32 分钟，将 11 小时 55 分钟的公转时间缩短为 11 小时 23 分钟。该测量的不确定度大约为 ±2 分钟。另外，在 DART 与伴星"迪莫弗斯"的受控碰撞之前或之后，伴星"迪莫弗斯"和主星"迪迪莫斯"都不会对地球造成任何危害。

在 DART 任务完成两年后，欧空局在 2024 年 10 月发射"赫拉"航天器，计划于 2026 年抵达"迪迪莫斯"双小行星系统。"赫拉"航天器由一个主航天器及两个伴生立方体卫星组成，将对该双星系统进行详细调查，重点关注 DART 撞击伴星留下的陨石坑，并对伴星质量进行精确测定，从而在 DART 小行星偏转测试中获得更准确的"小行星防御"经验。

三、案例分析

在设计 DART 任务时，NASA 和 ESA 就确定了 3 个"首次"：

案例十五 美国双小行星重定向测试试验——拥有抵御"天灾"的力量

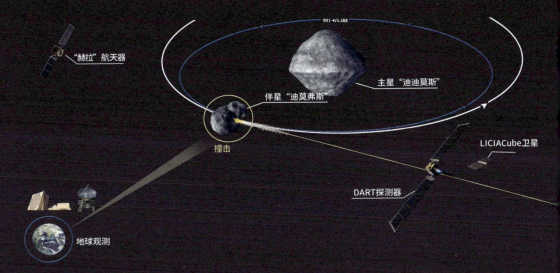

一是首次开展深空探测器和立方体小卫星的星间激光通信,二是首次通过动能撞击方式来测量小行星偏转方式的可行性;三是首次开展双小行星系统研究,为研究双小行星系统形成过程提供依据。

（一）深空探测任务极大推动科技合作和发展

欧空局在《2015年欧空局议程》中呼吁,"启动一项行星防御任务（可能与非欧洲国家合作），通过开发与任务相关的新技术,将提高欧洲的竞争力"。

在前文中已经提到,2015年NASA和ESA达成协议,决定联合实施"小行星撞击和偏转评估"（AIDA）任务。为此,NASA和ESA成立了AIDA任务科研团队,向下分为4个工作方向:第1小组负责撞击效果的建模仿真,第2小组负责遥感观测,第3小组负责"迪迪莫斯"小行星系统的动力学特性和物理学特性研究,第4小组负责探测器的抵近控制。

在AIDA任务中,除美国本土的政府部门、企业深度参与此项任务外,有15个欧洲国家,超过40个欧洲公司或团体也参与了此项任务。美欧通过这样的国际性、创新性深空探测任务，不断突破先进导航技术、机载自主控制技术、星间通信技术，发展和建设深空能力新产业，以期待获取巨大的公共价值回报。

需要关注的是，此次美国 DART 探测器撞击"迪莫弗斯"小行星试验，几乎将所有的欧洲国家都囊括在任务团队中。结合美国近几年主导并持续推进实施的"阿尔忒弥斯"载人登月计划，该计划提出了 2024 年登月、2028 年建立月球基地的设想，目前已经有 30 个国家参与了该计划，在航天大国中唯独排除了中俄两国。或许美国企图通过太空技术合作，构建新的太空联盟，巩固其太空优势地位。

（二）人类在不断寻求应对小行星威胁的有效手段

小行星撞击地球，会引发大规模的海洋、大气和地质变化，从而威胁到人类的生存，甚至生物灭绝。早在 6500 万年前的白垩纪－古近纪期间，就因为一颗小行星对地球的撞击，便引发了人们所熟知的白垩纪恐龙灭绝事件。

为应对来自太空的小行星威胁，目前研究主要采用两种方案：

方案 1：用核弹把有威胁的小行星炸掉。但是直接把小行星炸掉会造成无数的碎片，人类完全无法控制这些碎石的飞行方向，更无法保证碎石不会再次撞向地球。因此，这个办法虽然有用，但是存在巨大隐患，不到万不得已最好不用。

方案 2：发射一枚火箭去撞击小行星偏离轨道。只要撞击能使得小行星的运行轨道偏离一点点，小行星就会和地球擦肩而过，从而保证了地球的安全。这个办法显然成本更小，也更具可控性。美国进行 DART 试验，正是用于验证该方案的可行性。

在进行撞击效果仿真过程中,约翰斯·霍普金斯大学的 Andrew F. Cheng 等认为,探测器撞击小行星时,其产生的冲量传递效应(momentum transfer)要远大于探测器的冲量效应。Andrew F. Cheng 等设计了探测器和立方体卫星 LICIACube 的工作模式,分别观测获取撞击表面的倾斜情况和地形情况、撞击产生的喷射物羽流等信息,用来评估冲量传递效应与撞击角度、小行星表面材质(岩石、沙石、灰尘等)、撞击相对速度等参数的直接关系。从实际情况来看,DART 试验的实际撞击效果远超预期,这也表明动能撞击方式确实能够改变小行星的飞行方向。

值得注意的是,美国 DART 探测器撞击"迪莫弗斯"小行星,是一种当地球面临被小行星撞击的威胁时能保护地球的方法。NASA 也正在考虑实施俘获小行星计划,改变 1 颗小行星的运行轨道使其围绕月球旋转。但是能够操纵小行星极有可能发展成为一种终极威慑力量。在通古斯大爆炸中,一颗直径 65 米的石质小行星摧毁了俄罗斯通古斯附近 2000 千米^2 的树林。这样的"小行星炸弹"将会给敌对国造成灭国之灾。

当然,研究过程中也有一种构想是使用发射的飞行器在飞行途中"俘获"太空物质,壮大自己之后再撞向威胁地球的小行星,但是这种构想目前还没有科学手段可支撑。

(三)撞击目标为何选择近地双小行星系统

此次天体撞击试验,选择伴星"迪莫弗斯"作为撞击目标,有以下几点天然优势:

(1)"迪迪莫斯"双小行星系统距离地球较近,地球表面部署的观测系统能够更为准确地观测到撞击过程。撞击发生时,双小行星系统距离地球约 1100 万千米,地基光学望远镜可以观测到撞击前后双小行星系统的变化情况，来准确评估撞击效果。

（2）经过长期观测，人类已经准确掌握了"迪迪莫斯"双小行星系统的运行轨道，可以操控探测器精准飞向该小行星系统。此外，科学家们精确测定了主星"迪迪莫斯"和伴星"迪莫弗斯"的形状、尺寸和大致重量。特别是这次撞击的伴星"迪莫弗斯"的直径仅有 160 米，比小行星"龙宫"（Ryugu，日本"隼鸟-2"探测器的"暴力采矿"小行星）的 900 米直径以及"贝努"（Bennu，美国 OSIRIS-Rex 探测器着陆采样的小行星）的 500 米直径，明显更小，更有助于产生更好的"撞击效果"。

（3）伴星"迪莫弗斯"在小行星系统内的运行周期变化更容易测量获取。伴星"迪莫弗斯"受到主星"迪迪莫斯"的引力较小，较小的撞击冲击作用都会对"迪莫弗斯"的运行周期产生较大的影响。

（4）主星"迪迪莫斯"和伴星"迪莫弗斯"组成的双小行星系统属于近地小行星，符合对地球产生碰撞威胁的小行星天体类型。人类目前发现了大约 1000 万颗小行星，大部分位于火星和木星之间的小行星带。对地球构成威胁的是近地小行星，其轨道接近地球轨道（0.98~1.3 倍的日地距离），目前发现了约 3 万颗近地小行星，约 1000 颗的尺寸大于 1 千米。如果小行星与地球的轨道存在交叉，普遍认为尺寸大于 140 米的小行星就被认为是潜在威胁天体。

（5）撞击后产生的碎片仍会运行在主星"迪迪莫斯"周围，不会对其他天体造成影响。DART 探测器撞击伴星"迪莫弗斯"后，将溅射产生大量的碎石进入太空。这些碎石所受到的主要作用力仍然是"迪迪莫斯"主星，因此这些碎石将保持在主星"迪迪莫斯"周围。考虑到"迪迪莫斯"的运行轨迹与地球等其他天体未出现近距离交会情况,这些撞击产生的碎石也不会对地球等其他天体产生撞击风险。

四、案例启示

小行星防御,从被动变主动

1. 小行星探测具有重要科学价值

小行星是围绕太阳运行,体积和质量比行星和矮行星小的天体。绝大部分小行星内部演化程度低,具有重要科学价值。人类也不断通过深空探测等方式,不断开发小行星的科学价值和经济价值。

(1)"深空开采"的未来科技构想。

深空中的小行星通常分为:以硅为主的S型、以碳为主的C

型和以金属为主的 M 型。一些重金属含量比较高的小行星，可能会是未来人类唯一的金属资源。随着科技水平的提高，近地小行星资源开采的技术可行性和成本支持下已经被提上议程。

实施 DART 撞击任务前，NASA 和 ESA 的科学家长期开展"迪莫弗斯"小行星的观测，计算获取了目标的大致尺寸、质量、形状、旋转周期等表征参数，最终确定其作为撞击目标。然后通过探测器的近距离观测和撞击试验，进一步确认小行星的表层和深层结构。将探测器观测结果与地面的测量结果进行对比，校准地面观测的其他小行星天体，形成更为准确的小行星编目结果。

近期，NASA 公布了 Psyche 小行星开采任务，计划对命名为 1986DA 和 2016ED85 的两个小天体进行探测。其中 1986DA 就是小行星带的 Psyche 小行星，也称为"灵神星"。科学家们普遍认为"灵神星"上含有大量的镍、铁和其他贵金属。2016ED85 同样也具有丰富的金属含量。

当人类对小行星的研究更为深入，就可以利用小行星引力场弱、金属资源丰富等优势，作为人类进行深空探测的中转站，为探测距离地球较远的星体进行必要的维修或补给。

（2）研究太阳系演化过程。

根据最新的理论研究结果，小行星和太阳系是在同一时期形成的，小行星是太阳系形成过程的初期产物。尽管太阳系环境随着时间已经发生了巨大变化，但大部分小行星没有发生质的变化，仍保留着太阳系形成初期的特征。因此人类对小行星的理论研究和探测，有助于研究发现太阳系的起源和人类生命的发展历程。

ESA 计划发射"赫拉"航天器，在 2026 年抵达"迪迪莫斯"双小行星系统，用以测量 DART 撞击对这颗小行星的确切影响。

并且小行星的重力比地球低，那里的物质可能会表现得与预期完全不同。2019年一个日本探测器在"龙宫"小行星表面附近投掷了一枚小型炸药，预期它会形成一个2~3米的陨石坑，然而它却炸出了一个50米的大洞。DART试验同样也将为小行星分析积累宝贵数据。

2. 积极应对小行星撞击地球问题

当今社会人们越来越重视太阳系中小行星的运行动态以及对地球生命的潜在威胁，一旦出现小行星撞击地球的情况，可能会给人类带来灾难性的结果。太阳系中大部分小行星在木星与火星间的小行星带里，绕着太阳进行有规律的公转，但是也有部分小行星会运动到地球附近的轨道。因此，人类必须高度重视小型的撞击风险。

"小行星防御"近年来是科学界的一个热门话题，许多普通民众也在关注这一话题，特别是在2013年2月，一颗小行星落入大气层，在俄罗斯车里雅宾斯克上空爆炸，大批建筑物受损，1200多人受伤，使得这一看似遥不可及的"天灾"变得与我们如此接近。其实早在6500万年前的白垩纪-古近纪期间，小行星威胁就已赫然存在。一颗小行星撞击地球，引发了白垩纪恐龙灭绝事件，给地球带来了毁灭性的灾难。在浩瀚无垠的太空中，运转着数以万计的小行星。这些小行星对地球形成了潜在威胁，值得生活在地球上的我们加以关注。

在火星与木星之间有一个小行星带，目前认为它是由太阳系形成过程中被遗弃的太空尘埃凝聚而成，其中已经被发现的小行星总数超过12万颗，尺寸以直径950千米的"谷神星"最为庞大。

在众多小行星中，真正对地球存在威胁的是那些近地小行星。截至 2022 年 12 月，已知的近地小行星约有 27000 颗。人们将其按大小分为三类：尺寸超过 1000 米的小行星、尺寸小于 140 米的小行星和尺寸为 140~1000 米的近地小行星。

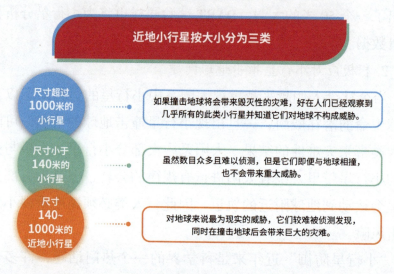

近地小行星分类

虽然在接下来的 100 年里，没有任何已知的尺寸大于 140 米的近地小行星有较大可能撞击地球，但是截至 2022 年 12 月，估计仅有约 40% 的此类小行星已经被人类发现，仍有 60% 的此类小行星人们对其一无所知。因此，"小行星防御"必然是未来相当一段时间内科学界和政府间合作的一个重要领域。

DART 试验是人类进行的首次"小行星防御"试验，是人类抵御太空小行星撞击威胁的一次重要尝试，这意味着人类将有能力抵御 6500 万年前恐龙遭受过的那种厄运。人类将在应对小行星威胁的路上不断携手前行，积累"小行星防御"任务的宝贵经验，充分发挥太空态势感知力量的作用，将人类的命运牢牢把握在自己手中，拥有抵御"天灾"的力量。

附录　小行星空间探测现状

小行星空间探测已有 30 多年历史。1996 年 2 月 17 日 NASA 在肯尼迪航天中心发射了第 1 颗小行星探测器 NEAR（near-earth asteroid rendezvous spacecraft），成为了历史上首颗能够着陆小行星的探测器。日本于 2003 年 5 月 9 日发射了"隼鸟"探测器，历经 7 年时间，完成了对小天体 Itokawa 表面土壤的采集，并于 2010 年 6 月 23 日返回地球。ESA 于 2004 年 3 月 2 日发射了"罗塞塔"探测器，在 10 年后的 2014 年 11 月 13 日，释放"菲莱"着陆器成功登陆 67P/Churyumov-Gerasimenko 彗星（67P/楚留莫夫–格拉希门克）。

小行星探测任务汇总表

探测器	国家/组织	探测对象	编号	关键事件
NEAR	美国	Eros	433	1996 年 2 月 17 日发射 2000 年 2 月 14 日飞抵小行星 2001 年 2 月 12 日软着陆"爱神"小行星
		Mathilde	253	1997 年 6 月飞越小行星（C 型小行星）
Deep Space1	美国	Braille	9969	1998 年 10 月 24 日发射 1999 年 7 月飞越小行星
隼鸟	日本	itokawa	25143	2003 年 5 月 9 日发射 2005 年 9 月 12 日飞抵小行星 2005 年 11 月 19 日小行星着陆 2007 年 4 月开始返回 2010 年 6 月 13 日成功返回（澳大利亚沙漠）

续表

探测器	国家/组织	探测对象	编号	关键事件
Rosetta（主要探测彗星67P）	ESA	Steins	2867	2008年9月5日飞越小行星
		Lutetia	21	2010年7月10日飞越小行星
嫦娥-2	中国	Toutatis	4179	2012年12月13日飞越小行星
Dawn	美国	Vesta（"灶神星"）	4	2007年9月27日发射 2011年7月16日抵达"灶神星" 2012年9月离开"灶神星"
		Ceres（"谷神星"）	1	2015年3月进入"谷神星"轨道
隼鸟-2	日本	Ryugu（"龙宫"）	162173	2014年12月3日发射 2018年6月27日到达小行星（C型小行星）
OSIRIS-Rex	美国	Bennu"贝努"	101955	2016年9月8日发射

参考文献

[1] 吴京平. 撞击成功！DART任务，为了全人类不再重蹈恐龙覆辙[Z]. 2022.
[2] COLLEN J. After asteroid collision, Europe's Hera will probe 'crime scene' [EB/OL]. (2022-09-04) [2022-12-27].

后 记

很多事情的发生是第一次，但不会是最后一次，太空事件也一样。随着大国竞争博弈的不断增强、智能化时代的迅速到来，以及商业航天的飞速发展，太空领域将成为世界各国高度依赖、优先发展、重点博弈的关键领域，将进一步成为世界高新技术、新兴技术、颠覆性技术的汇聚地，太空事件也将以更富多样性、关联性、复杂性的新面貌高频次出现。太空态势感知作为人类探索太空、感知太空、认识太空的基础和关键技术，随着"太空篱笆"、天基感知卫星等态势感知装备的不断发展，未来将以更高的分辨率，更快的响应速度，更大、更全的覆盖范围，全方位、全天候展示浩瀚太空发生的一切，使太空领域变得更加透明，更加公开，同时，也将催生太空隐身技术的出现和发展，带来太空领域更加激烈的竞争博弈。

本书的出版是一个美好的纪念，编写组成员相聚于2021年夏，共同研究分析案例，相谈甚欢，相约把心得体会编写出来，分享给更多的同行好友，让更多的人认识太空，熟悉太空态势感知。半年的时光，初稿形成，此后两年多时间，有更多志同道合的同志加入进来，对初稿进行修改完善，总想把最好的成果呈现给读者，总觉得还有很多改进的地方。这也正如太空态势感知的发展，初具规模容易，精益求精难，需要更多的人投入其中，奉献终身。

在本书编写过程中，参考和引用了相关专家和学者的大量研究成果，并得到张玄、宋超、张波等专家的直接帮助，在此对这些专家和学者表示感谢，是他们的大量研究和帮助才有本书的问世。同时，由于我们学识有限，在研究和撰写中难免有不妥之处，本书如有谬误，敬请相关领域专家学者批评指正！

作者

2024 年 10 月